地震数据重建理论与方法

张 华 陈小宏 著

科学出版社

北京

内 容 简 介

本书基于地震数据重建理论与方法研究，较系统地介绍了数据重建过程中的采样方法、稀疏变换方法以及不同的重建算法。全书共 7 章，包括绪论、地震数据重建理论基础、基于傅里叶变换的地震数据重建、基于曲波变换的地震数据重建、基于非均匀傅里叶变换的地震数据重建、基于非均匀曲波变换的地震数据重建、地震数据同时重建和噪声压制。对于常用的均匀采样和非均匀采样下的各种地震道缺失重建问题，都采用了相应的有效算法进行数据重建，并且给出了对应的数值模拟和应用实例分析。

本书具有较高的理论价值和实用价值，可以作为高等院校师生和从事应用地球物理及相关专业技术人员的参考用书。

图书在版编目（CIP）数据

地震数据重建理论与方法／张华，陈小宏著．—北京：科学出版社，2017.11

ISBN 978-7-03-055049-1

Ⅰ.①地…　Ⅱ.①张…②陈…　Ⅲ.①地震数据–重建　Ⅳ.①P315.63

中国版本图书馆 CIP 数据核字（2017）第 265865 号

责任编辑：张井飞　姜德君／责任校对：张小霞
责任印制：张　伟／封面设计：耕者设计工作室

科学出版社 出版
北京东黄城根北街 16 号
邮政编码：100717
http://www.sciencep.com

北京厚诚则铭印刷科技有限公司 印刷
科学出版社发行　各地新华书店经销
*
2017 年 11 月第　一　版　　开本：787×1092　1/16
2019 年　3 月第二次印刷　印张：11 1/4
字数：300 000

定价：98.00 元
（如有印装质量问题，我社负责调换）

前　　言

由于采集设备、地形环境以及经济成本的限制，无论是陆地勘探还是海洋勘探，检波点和炮点可能都会偏离最初设计的均匀网格位置，使得地震数据沿空间方向上通常进行不规则欠采样，从而导致采集到的地震数据不完整，出现空间假频。而后续的其他处理方法则对地震数据的规则性以及完整性提出了更高的要求。在这种情况下，希望能够发展一种较好的地震数据重建方法，通过利用较少的野外地震数据在随后的室内处理中重建出理想的地震数据，得到同样的地震勘探效果，这样既可以突破传统采样定理的限制，也可以解决地震道不规则缺失，而且可以提高数据采集效率，促进高分辨率地震勘探的发展。

当前国内尚无系统介绍地震数据重建理论方面的专著。本书是在多年研究的基础上，把均匀和非均匀采样下规则和不规则地震数据重建方面的研究整理成文。全书共 7 章。第 1 章简要介绍了地震数据重建方法的发展历史和研究现状。第 2 章阐述了地震数据重建过程中的采样方法、稀疏表示基和求解算法。第 3 章研究了基于傅里叶变换下的二维到五维地震数据重建方法并讨论了阈值参数选取方法。第 4 章从时间域和频率域上研究了多尺度多方向曲波变换高精度数据重建。第 5 章研究了基于非均匀傅里叶变换的不规则地震数据重建。第 6 章提出线性 Bregman 算法，研究了基于非均匀曲波变换的二维和三维不规则地震数据重建方法。第 7 章研究了地震数据同时重建和噪声压制方法。

本书主要成果得到了国家自然科学基金项目“基于压缩感知的地震数据重建理论研究”（41304097）和“基于反假频和噪声压制的五维地震数据重建理论研究”（41664006），江西省杰出青年人才资助计划项目（20171BCB23068），江西省自然科学基金项目“基于频率域复值曲波变换的快速高精度地震数据重建”（20151BAB203044）和“基于非均匀曲波变换的不规则地震数据高精度重建理论研究”（20171BAB203031），以及东华理工大学地球探测与信息技术科技创新团队的资助。

本书在撰写过程中得到了中国石油大学（北京）的马继涛副教授、刘国昌副教授，中国地质大学（北京）的高建军副教授，英属哥伦比亚大学的 Haneet Wason 博士和 Mengmeng Yang 博士的帮助。东华理工大学张落毅、杨会、王冬年、刁塑等研究生参与了书中部分内容的研究工作。在此，作者一并致以诚挚的谢意。

由于作者水平所限，书中难免存在不足之处，恳请各位读者、专家及同仁批评指正。

作　者

2017 年 7 月于东华理工大学

目　　录

第1章 绪 论

1.1 研究目的及意义

目前，随着油气等资源勘探不断深入，地球物理勘探方法所面临的地质条件和勘探环境也越来越复杂，对野外数据的采集工作也越来越重视。而地震勘探方法作为地球物理勘探中的一种重要油气勘探方法，一直在油气资源勘探中发挥着不可替代的作用，主要包括地震数据采集、数据处理和资料解释三大环节，而其中的野外数据采集是整个地震勘探的基础，所采集到的数据质量好坏也直接决定后续资料处理及解释效果，同时野外采集工作所需的费用也占整个地震项目支出的 60% ~70%，因此，在实际野外勘探工作中，一方面需要采集到高质量原始地震数据，另一方面也需要提高施工效率，节省勘探成本。

然而，在地震勘探的野外采集过程中，地震数据体的采样已达到了五维，数据采集面临巨大的压力。为了恢复高维的地震数据结构，我们不仅面临尼奎斯特（Nyquist）采样定理的限制，而且也面临由于地震数据采集维数的增加而数据量呈指数增加的压力，同时，在野外数据采集过程中，出于野外地形条件或者项目预算成本的考虑，地震数据沿空间方向上通常进行不规则采样，在陆地上这种情况可能起因于地震道布置时受到建筑物、湖泊、禁采区等复杂地形条件限制，或者人工激发炮点时由于各种原因而产生一定数量的哑炮，也可能起源于不能正常工作的地震道或者受到严重干扰的地震道，在海洋地震勘探中，则可能由于海洋拖缆羽状漂移等引起，从而所采集到的野外地震数据不完整、不规则，出现不同程度的空间假频现象。

这种具有稀疏分布的空间假频地震数据难以满足高分辨率地震勘探的要求，而后续的各种处理工作，如偏移归位、多次波消除、时移地震可重复性处理、不同面元资料的融合等，则对地震数据的规则性和完整性提出了更高要求。一般来讲，满足这些要求最直接也是效果最好的办法当然是在数据采集阶段就开始对采样点进行加密采集，但由于受到野外地形环境的限制，在野外直接对采样点加密采样往往不易实现。因此，在综合考虑野外采集成本以及复杂施工环境的基础上，希望尽可能少地布设炮点和检波器，利用较少的采样数据在随后的规则化反演处理中重建出理想而规则的完整数据，取得与完整数据采样相同的地震勘探效果。这样既可以突破传统采样定理的限制，又可以节省野外成本，同时也可以解决地震道不规则缺失问题，但这种利用极少数据来恢复全部数据的问题，从信息重建的地球物理反演角度来说，显然是欠定的，在数学上很难求解，这也成为目前包括地震信号处理在内的信息技术向前进一步发展的瓶颈之一。

然而，在假设地下介质为连续性和可预测性的基础上，在已有的地震道采样间隔内，完全可以通过一定的策略和算法主动重建出所需要的完整而规则的地震道。为此，本书拟基于地震数据重建理论，突破传统采样定理的局限，利用信号具有稀疏性的特点，在数据采集端采集较少的地震道，降低野外生产成本，提高工作效率，而将节省的成本转移到室内数据重建处理中来，通过利用较少的数据信息获得更多的勘探效果。同时探讨新的高效率高精度地震数据重建方法，压缩数据采集量，减轻存储传输压力，满足后续其他处理方法对数据规则性和完整性的要求，从而得到高信噪比、高分辨率和高保真度的地震资料，以解决目前野外数据采集所面临的缺失道重建问题，因此本书具有重要的研究意义与应用价值。

1.2　研究问题分析

不可否认，传统采样定理是采样过程中所必须遵循的准则，该理论也一直支配着几乎所有信号的采样、处理、存储、传输等过程，然而尽管采样定理是信号处理领域中最基础也是最有效的定律，但并不是最佳的，该定理主要基于信号具有一定的带宽性，而没有利用信号自身具有的结构特性——稀疏性特点。随着社会的不断发展，对信息需求量的增加，所携带信号带宽范围也越来越宽，以此为基础的信号处理框架所要求的信号采样率也越来越小，采样速度也越来越快，解决此采样数量和速率所带来压力的常见方案是对信号进行一定量的压缩，但是，信号压缩工作实际上也是一种资源浪费，因为在采集过程中，所采集的数据中只有小部分是对实际工作有用的，而余下大部分不重要的或者只是冗余的信息则要舍弃，浪费了大量的存储空间和压缩或传输时间。从这个意义而言，可以得到以下结论：带宽并不能本质地表达信号的结构特征，基于信号带宽特性的 Nyquist 采样机制是冗余的或者说是非信息的，即不是最佳的。然而能否利用其他变换空间来描述信号，建立新的信号描述和处理方法的理论框架，在保证原始信息不受损失的前提下，用远低于采样定理所要求的采样率进行信号采样，同时又可以高精度地恢复出原始信号的本来面目呢？答案是肯定的，那就是 Donoho（2004）所提出的压缩采样理论（compressive sampling，CS）。

压缩采样理论为解决此类问题提供了一种新的思路，它能够克服传统采样定理的不足，利用大部分信号都具有稀疏性的特点，以远低于传统采样率对信号进行快速采样，从而极大地降低数据采集过程中所带来的如存储空间、速度、经济等成本，而将这种成本转移到数据重建的计算过程中来，也就是转移到室内处理中来。但该理论需要满足三个前提条件：①要求待处理的信号是稀疏的，或者在某个变换域内是稀疏的；②测量矩阵（采样矩阵）是随机的，与稀疏变换基为互不相关，才可能将存在假频混淆的相干噪声转化为与真实频率成分不相干的噪声，从而可以容易地滤除，提取出真实频谱；③通过一定的稀疏促进求解策略来求解该问题，即能够找到一种反演方法对该问题进行求解，从而高精度、高效率地恢复出完整而规则的地震信号，然而在地震勘探中，大部分信号本身并不稀疏，通常都需寻找某种数学变换来稀疏表示地震数据，如余弦变换、傅里叶变换、小波变换、曲波变换等，再配以合适的采样方式，如随机欠采样方式，把由规则欠采样所产生的互相干假频转化成较低幅度的随机噪声，从而将数据重建问题转为更简单的去噪问题，即使只有极少的不完整数据，也有可能恢复出完整的地震数据，使其成为密集而规则的地震道，满足后续其他处理方法要求，其实，这种思想在地球物理领域并不罕见，特别是以往一些常规重建方法已经运用了该理论。压缩采样理论能够系统地给出一个较为完善的理论框架，从而在地震数据采集中，改变由过去地震道被动缺失重建，转变为在野外数据采集时主动缺失部分地震道，再寻找新的地震数据重建方法，以达到节省成本、压缩数据采集量、指导复杂地区数据采集、提高后续处理分辨率的目的。

而对于地震数据的恢复重建，一种广泛使用的方法是基于某种数学变换，然而由压缩采样理论可知，如果地震信号在该数学变换域中越稀疏，代表原始信号的系数越少，则重建效果可能越好，通常做法是选用傅里叶变换，但傅里叶变换属于时间域的整体变换，不能较好地反映出地震数据的局部特征，而后提出的小波变换具有良好的时频分析能力，能稀疏表示地震数据，在地震信号处理中得到了大规模的应用，但是事实也表明，小波变换对于信号奇异性检测，以及图像边界处理等效果有限，在其基础上进一步发展了脊波变换，该稀疏变换适用于描述图像直线特性，但还是不能最佳地表示信号具体特征，实现起来也较为复杂，而目前应用较好的曲波变换更具有局部化识别表示能力，能够更加稀疏地表示地震信号的局部奇异特征，从理论上来讲，可以取得更好的重建效果，因此本书在傅里叶变换基础上，重点采用曲波变换来对地震信号进行稀疏表示。另外，根据压缩采样理论可知，要获得理想的重建效果，常用的采样方法（测量矩阵）为随机欠采样方式，以使传统规则欠采样所引入的和真实频率相混淆的假频转化成容易去除的不相干噪声，但单纯随机采样不能控制最大采样间距，可能会造成某些重要信息的缺失，影响重建效果，因此也需完善其他采样方式，在保证采样点随机性的同时，能够控制最大采样间距，并能根据野外地质环境灵活调整，进一步提高数据重建的效果。

一般来讲，地震缺失道重建分为两大类，一类是空间均匀网格采样下地震道缺失重建，包括规则和不规则地震道缺失重建，另外一类是空间非均匀网格采样下的地震道缺失重建，目前大部分地震重建方法的前提条件是空间均匀网格采样，对于直接重建非均匀网格采样下的缺失地震道则效果不佳。但由于野外地形条件的限制或者海上拖缆的羽状漂移，很多情况下地震道常进行空间非均匀网格采样，非均匀网格采样会引起覆盖次数的变化（地下不均匀照明），在叠加成像时会形成扭曲的成像振幅（采集脚印），影响后续成像处理，从而也会加重空间假频现象的出现，为此，需要在常规均匀网格采样下的重建方法的基础上，提出高精度重建算法来解决非均匀网格采样下的缺失道数据重建问题，这也是本节的重点研究范围。

1.3　国内外研究现状

通常在实际工作中处理不规则采样地震数据的方法为拷贝相邻道或是利用相邻道进行线性插值得到空缺道，或忽略空缺道或不考虑实际中的非规则采样点，通过叠加将不同道集放到一个面元上。但这些简单的处理方法常常会出现严重的误差，使后续大多数处理技术得不到很好的处理效果（Canning and Gardner，1998；霍志周等，2013；唐欢欢、毛伟健，2014）。地震数据重建是地震数据预处理基本方法之一，主要是通过一定的策略和方法对不规则采样下缺失的检波器或者炮点进行重建处理，恢复出完整的或者采样率更高的原始数据。从20世纪80年代至今，许多国内外的学者对这一问题进行了研究，并发展了许多高效率的地震数据重建方法，并应用于实际地震数据处理。Larner 和 Rothman（1981）对不完整地震道恢复和野外地震数据采集设计进行了深入的讨论和研究，随后出现了大量的数据重建方法。目前，主要可以将地震数据重建方法归纳为以下四类。

第一类为基于滤波器方法，该类方法是通过褶积插值滤波器来实现重建的。Spitz（1991）首先提出了反假频的 f–k 域地震道插值（重建）方法，该方法利用线性同相轴在 f–k 域是可预测的理论，而后 Porsani（1999）对 Spitz（1991）的方法进行了改进，提出了 f–k 域半步长预测滤波的地震道插值方法，该方法用偶数道的数据分量来预测奇数道的数据分量，计算量较 Spitz 的方法小，提高了计算效率。Naghizadeh 和 Sacchi（2007）提出了多步自回归预测滤波方法，对 Spitz 单步预测滤波方法进行了拓展，使其应用范围从只能进行道加密插值扩展到能对不规则缺失道地震数据进行插值重建，并且使其能够进行反假频重建。Naghizadeh 和 Sacchi（2010a）将该算法扩展到多维情况，提高了重建效果，但这种方法通常将非均匀网格采样数据当作规则数据来处理，并通过高斯窗进行插值，容易造成较大误差，插值结果的不确定性较大。

第二类为波场延拓算子方法。波场延拓的地震数据重建方法基于 Kirchhoff 积分算子，该算子提供了一个非常精确的理论框架来进行地震数据重建。Ronen（1987）提出了将缺失道作为零道并结合波动方程部分偏移对叠前地震数据进行重建的方法，通过将倾角时差校正（DMO）与反 DMO 相结合，为地球物理重建问题的研究提出了一个很好的思路。Canning 和 Gardner（1996）对 Ronen（1987）的重建方法进行了改进，将地震数据的时间坐标对数拉伸后在频率–空间域分步实现 DMO 与反 DMO，此方法在避免空间假频方面有较强的优势，但对内存的需求量很大，并且计算效率不高，实用性不是很强。Jager 等（2002）对基于 DMO 的地震数据重建方法进行了研究，给出基于数据延拓的地震数据重建方法。Fomel（2003）采用有限差分的方法进行波动方程数据重建，Kaplan 等（2010）建立偏移和反偏移算子，采用最小平方反演方法进行数据重建，得到了较为精确的结果，并且这种方法可以处理非均匀网格采样数据，但前提是需要地下结构的先验信息，计算量非常大，对采样率要求也较高，而且对于较粗网格采样的数据重建效果并不理想。总体来讲，该方法的优点是允许最大程度地利用地下信息，但当地下信息未知或精度较低时就会影响重建结果。然而在大多数情况下，地下信息都是未知的，如速度参数，需要提前采用其他方法求取，但很难获取准确的速度场，从而限制了该方法的广泛应用。

第三类为基于快速降秩方法，该方法将插值问题看作图像填充问题，依据高维地震数据能够用低秩的 Hankel 矩阵来表示的原则进行重建，重建过程就是不断对低秩的 Hankel 矩阵进行去随机噪声过程，是一种最新才发展起来的有效方法，众多学者对此方法进行了研究（Sacchi，2009；Trickett et al.，2010；Gao et al.，2013，2015；Kreimer and Sacchi，2013；Ma，2013；Chen et al.，2016a），并且也都发展到了五维地震数据重建，由于计算速度快，参数设置简单，得到了较好的应用，但该方法在非均匀网格采样下的不规则缺失道重建及其反假频能力方面还有待进一步研究实现。

第四类为基于数学变换方法，这类方法不需要地下结构的先验信息，能够重建规则缺失和不规则缺失地震道，且计算速度快，精度高，一般通过两个步骤来实现地震数据重建：第一步，正确地估算变换域系数。第二步，通过反变换得到理想规则网格上的重建数据。这类方法主要有 Radon 变换（Trad *et al.*，2003；Wang *et al.*，2010；Xue *et al.*，2013）、傅里叶变换（Liu，2004；Trad，2009；Curry，2010；Chiu，2014）、小波变换（Choi *et al*，2016）、Curvelet 变换（Herrmann and Hennenfent，2008；Herrmann，2010；Mansour *et al.*，2013）、Seislet 变换（Liu and Fomel，2010）、Dreamlet 变换（Wang *et al.*，2015）及数据驱动（Cai *et al.*，2014；Liang *et al.*，2014；Yu *et al.*，2016；Jia and Ma，2017）等。

目前，基于傅里叶变换的地震数据重建方法已经达到了工业应用水平，研究成果也较多（Sacchi *et al.*，1998；Sacchi and Liu，2005；Wang，2002；Gulunay，2003；Abma and Kabir，2006；Naghizadeh and Sacchi，2009，2010a；Naghizadeh and Innanen，2011；Zhang *et al.*，2013）。该方法不需要地质或地球物理假设，只要求地震数据是空间有限带宽的，并且计算效率高，但是重建精度还有待进一步提高，为此，在傅里叶变换的基础上，众多学者开始对 Curvelet 方法进行研究。Hennenfent 和 Herrmann（2006）对快速离散 Curvelet 变换算法进行改进，提出了非均匀快速离散 Curvelet 变换，并成功地应用于对非均匀采样地震数据的去噪，以及对原来非均匀地震数据进行规则化。Herrmann 和 Hennenfent（2008）提出了基于 Curvelet 数据重建的稀疏促进反演方法，成功地实现了含有缺失道的地震数据重建。Neelamani 等（2010）提出了复值曲波变换方法，提高了重建精度。同时针对规则欠采样问题，Naghizadeh 和 Sacchi（2010b）提出了利用无假频的低频数据反演出有假频的高频数据方法，从而使该方法应用范围更广。为了提高运算速度，Zhang 等（2015）提出了基于曲波变换和新的阈值参数重建方法，并且从频率域中实现了三维地震数据的重建。在此过程中，基于曲波变换方法的研究成果也不断涌现出来（Hennenfent and Herrmann，2008；Shahidi *et al.*，2011；Liu *et al.*，2015a；Górszczyk *et al.*，2015；Kim *et al.*，2015）。然而以上的研究只能解决均匀采样下不规则缺失重建问题，对于非均匀采样下的不规则缺失重建则无能为力，进一步限制了这些方法的应用范围。

为了解决空间非均匀采样下地震道不规则缺失重建问题，地球物理领域常规处理方法为共面元叠加，然而共面元叠加处理方法忽略了每个面元内各道共中心点的真实位置，改变了部分地震道的振幅和相位，从而导致部分地震道位置出现严重偏差。另外还有一种方法就是基于波动方程的重建方法，然而该方法需要地下结构的先验信息，计算量非常巨大，对采样率要求也较高，从而也不能较好地解决该问题。为此，许多学者采用基于数学变换的重建方法对该问题进行处理，Duijndam 等（1999）提出基于傅里叶变换的二维非均匀数据重建方法，该方法依据合适的最低视速度，采用最小二乘法来估计均匀傅里叶系数，Hindriks 和 Duijndam（2000）将其扩展到三维，实现了基于傅里叶变换的三维非均匀采样重建技术。但是，Duijndam 等（1999）的傅里叶重建方法有其局限性，首先该方法不能重建大于三倍空间采样率的缺失道；其次重建结果受最低视速度和空间带宽的影响很大，随着采样间隔的逐渐增大，重建结果会逐渐变差；最后就是该方法不具有反假频能力，从而限制了该方法的广泛应用。Xu 等（2005，2010）采用重新正交化的过程，提出了基于抗泄露傅里叶变换的重建方法，并将其推广到高维，具有较好的反假频能力。同时 Zwartjes 和 Sacchi（2007）也提出了基于傅里叶变换的非均匀假频地震数据重建方法，该方法主要采用无假频的低频信息来重建有假频的高频信息，达到压制假频和恢复缺失道数据的目的，但当低频信息也具有假频时，该重建方法就会失效。为了进一步利用四维空间信息，Jin（2010）提出基于阻尼最小范数傅里叶反演下的五维地震数据重建，该方法引入非均匀傅里叶变换方法（Kunis，2006；Keiner et al.，2009），能够重建空间非均匀采样下的不规则缺失地震数据，重建精度高，应用范围较为广泛，但该方法抗假频能力不强。五维地震数据重建方法计算速度较慢，为了加快计算效率，Whiteside 等（2014）提出一种谱模式去除方法进行加快速度。同时 Yang 等（2015）提出了用快速傅里叶反演策略代替非均匀快速傅里叶变换，采用预条件共轭梯度法来求解最优化问题，从而提高了五维重建方法的效率。尽管如此，以上方法都采用傅里叶变换作为稀疏基，并没有采用曲波变换，而傅里叶变换作为全局变换，只适合近似线性同相轴地震数据或者平稳变化的地震信号。如果不满足这种假设条件，只能对大规模数据体采用分时空窗口的方式进行重建，但是窗口重叠部分重建效果仍然不佳，因此需要采用其他更为优越的稀疏基来解决该问题。

曲波变换能够表征信号的局部细节特征，可以有效地重建非线性同相轴地震数据（Candès et al.，2006；Herrmann et al.，2007；Ma and Plonka，2010），大量研究结果也证明，基于曲波变换的数据重建方法效果显著（Hennenfent and Herrmann，2008；Naghizadeh and Sacchi，2010b；Zhang et al.，2015）。尽管如此，以往基于曲波变换的重建方法应用前提条件仍然是空间均匀采样。而对于空间非均匀采样信号，Hennenfent 等（2010）提出了基于二维非均匀曲波变换的数据重建方法，重建的结果也表明该方法效果显著，重建精度高，但是该方法主要针对二维非均匀地震数据，并没有对三维非均匀地震数据重建进行研究，并且采用的谱梯度算法收敛速度慢（Ewout and Friedlander，2008），参数较多，其重建精度依赖于叠加次数，在工业大数据重建计算中执行困难（Herrmann et al.，2015）。因此，本书拟提出高效率的线性 Bregman 算法进行重建（Yin，2010；Lorenz et al.，2013）。并且为了进一步提高重建精度，将其推广到高维非均匀数据重建，充分利用其他空间已知信息，更好地解决实际数据采集过程中所遇到的采样不足或者采样不均匀等问题。

国内在地震数据重建方面的研究相对较晚，国九英等（1996）在频率波数域进行了等道距插值，李冰等（2002）提出采用 Laplacian 算子进行光滑约束插值方法，实现了三维地震数据重建。刘喜武等（2004）、张红梅和刘洪（2006）采用 $\tau-p$ 变换进行地震数据重建。王维红等（2007）、王升超等（2016）采用加权抛物 Radon 变换方法实现了地震数据重建，但只适应于近偏移距和中偏移距。针对非均匀地震数据重建，孟小红等（2008）进行了地震数据重建方面的研究，并且采用傅里叶变换方法，引入最小二乘预条件共轭梯度算法，实现空间均匀和非均匀地震数据重建技术，并且提出了抗假频措施。李信富和李小凡（2008）提出分形插值的方法实现了地震数据重建，突出了地震道数据的局部信息，较好地保持了地震数据的总体变化趋势，随后高建军等（2009，2011）在傅里叶变换域采用共轭梯度反演算法，实现了空间非均匀采样的二维和三维地震数据重建技术，张华等（2012）采用凸集投影（POCS）算法，实现了五维地震数据重建方法，但不具有反假频能力，而陆艳洪等（2012）提出了一种基于边缘保持滤波器的地震数据插值方法，该方法具有较好的抗假频能力。石颖等（2013）、黄小刚等（2014）对反假频地震数据重建进行了研究。刘财等（2013）采用 Seislet 变换实现了地震数据的重建。刘强等（2014）对噪声压制和数据重建的同步处理进行了研究。为了系统研究各种数据重建方法的效果，梁东辉（2015）采用傅里叶变换方法，比较了各种均匀和非均匀数据重建方法效果。周亚同等（2015）提出了一种基于高阶扩散快速行进法进行数据重建。随后冯飞等（2016）、张良等（2017）提出了采用 Shearlet 变换稀疏约束地震数据重建，马继涛等（2016）提出了频率域奇异值分解的地震数据同时插值和去噪方法，王亮亮等（2017）提出了快速 3D 抛物 Radon 变换地震数据保幅重建，都取得了一定的效果。尽管如此，上述所提到的有些方法虽然解决了空间非均匀网格采样的不规则缺失道重建问题，但没有给出较好的反假频方法，并且多数限于二维和三维地震数据重建，重建精度较低，而有些方法虽然较好地解决了假频问题，却不能解决空间非均匀网格采样数据重建问题，对噪声压制的能力也有限。

而在曲波变换方法方面，张素芳等（2006）在简单模型上实现了基于 Curvelet 变换的多次波消除。包乾宗等（2007）利用 Curvelet 变换分离了垂直地震剖面（VSP）剖面中的上行波和下行波，取得了不错的效果。彭才等（2008）提出一种基于 Curvelet 变换的地震数据去噪方法，通过对 Curvelet 系数做简单的阈值处理，即可实现随机噪声的去除。刘国昌等（2011）采用曲波变换的方法实现了二维地震数据的重建，取得了较好的效果。马坚伟（2009）、仝中飞（2010）、唐刚和杨慧珠（2010）应用曲波变换的方法，采用阈值迭代法，实现随机采样及其他采样方式下的二维和三维地震数据重建技术。为了采用其他算法进行重建，唐刚（2010）、曹静杰等（2012）实现了基于曲波变换的投影梯度算法数据重建技术。张华和陈小宏（2013）采用 POCS 算法并提出新的阈值参数，实现了三维地震数据重建方法。同时，徐明华等（2013）基于压缩采样理论，采用谱梯度投影实现了缺失地震数据重构方法，然而该方法计算时间较慢，限制了进一步应用。白兰淑等（2014）基于压缩感知理论在曲波域采用联合迭代法对数据进行重建，快速地恢复了缺失道信息。为了在数据重建的同时对噪声进行压制，曹静杰和王本锋（2015）采用 POCS 方法实现了同时插值和去噪，并提出分段采样方式，都取得了较好的效果，明显优于其他稀疏变换方法，但也仅仅研究二维地震数据的重建。而后张华等（2017a）实现了基于 POCS 算法和曲波变换的三维地震数据同时重建和噪声压制。尽管如此，这些方法尽管精度高，但计算速度还是较慢，与国外相关研究有一定差距。

1.4 发 展 趋 势

分析国内外研究现状会发现，目前数据重建的方法已经发展到了五维，并且已经实现了工业应用，尽管如此，大部分重建方法仍然集中于傅里叶变换下进行，或者采用降秩处理方法，计算效率和重建精度有待进一步提高。但衡量一种方法的优劣还应该考虑以下因素，第一是反假频能力，目前数据采集时由于受到勘探成本制约，采集得到的数据较为稀疏，大多数数据都存在一定程度的空间假频干扰，因此空间假频也是检验一种算法的一个关键因素；第二是抗噪声干扰能力，从更广泛的观点来看，数据重建方法可以被认为是噪声消除的过程，如果原始数据中存在随机噪声或相干噪声，将进一步使重建方法变得复杂；第三是同相轴的曲率，由于大部分地震信号是非线性信号，而如果采用傅里叶变换方法进行处理，必须采用时空窗的方式逐步重建，因此需要能够表征非线性同相轴特征的稀疏变换；第四是延伸的维数，如果一个多维数据在其中的一个空间维数据采样不足（含有假频），重建算法可以依靠在其他维空间的适当采样来完整地重建出缺失道数据。因此，本书给出的重建方法主要从这四个方面进行论述。

从国内外研究状况可知，目前基于均匀采样下的地震缺失道重建方法研究比较广泛，而对于非均匀采样下的地震数据重建方法则研究较少，并且也只是采用傅里叶变换作为稀疏基；但傅里叶变换作为全局变换，只适合同相轴近似线性或者平稳变化的地震信号，尽管运行速度较快，但重建精度不高，特别是面对采样间距较大的情况下，缺失道不能够有效地恢复。大量研究结果也表明，基于曲波变换的数据重建方法精度高、效果显著。尽管如此，以往基于曲波变换的重建方法前提条件是空间均匀采样，因为根据曲波变换的实现过程可知，常规曲波变换在计算过程中首先要应用傅里叶变换，而傅里叶变换的前提条件是空间均匀采样，从而导致以往曲波变换只能处理均匀采样信号或者只能处理空间均匀采样下的地震缺失道重建问题，而对于空间非均匀采样下的缺失道地震数据则不能直接重建，限制了该方法在不同信号处理领域中的进一步应用。因此迫切需要提出非均匀曲波变换理论并将其应用到非均匀地震数据重建领域中，使该方法既能重建非均匀采样下的地震缺失道，也能重建均匀网格采样下的地震缺失道，并且能够推广到高维，进一步提高数据重建的精度。同时由于野外采集到的地震数据常常受到高频随机噪声干扰的影响，降低了地震记录的信噪比，影响到数据重建方法的效果，而现有的噪声压制方法与数据重建方法仍然都是单独分开进行处理，缺少能够同时进行地震数据重建和噪声压制的方法，因此也需要提出同时进行数据重建与噪声压制的方法或者有效的抗噪声数据重建方法。

第 2 章　地震数据重建理论基础

2.1　地震数据重建方法原理

2.1.1　传统采样定理

由于带限信号受到采样定理的限制，采样频率必须大于信号最高频率的 2 倍，即

$$f_T \geq 2 f_{Tmax}, \text{ 或 } \frac{1}{\Delta t} \geq 2 f_{Tmax} \tag{2.1}$$

式中，f_{Tmax} 为带限信号的最大频率；f_T 为信号的采样频率。

同时，空间域采样波数也必须满足以下条件：

$$f_S \geq 2 f_{Smax}, \text{ 或 } \frac{1}{\Delta x} \geq 2 f_{Smax} \tag{2.2}$$

式中，f_{Smax} 为原始信号的最大波数；f_S 为空间域信号的采样波数。

因此，若要减少空间假频，最直接的办法就是在野外加密炮点和检波点，降低采样间隔，然而由此导致采集的工作量和勘探成本也会相应增加，降低了工作效率，况且由于野外复杂环境的影响，往往加密地震采样道付出的勘探成本太大。因此这种情况下，可以转变思路，主动缺失地震道，重新设计采样道距和采样道数，既不能影响到施工效率和原始数据质量，也要考虑到在一定误差范围内，可以通过后续高精度重建算法恢复出所缺失的地震道。

2.1.2　重建理论基础

地震数据重建，是在较粗糙采样网格上重建出较精细采样网格数据，在假设地下介质为连续性和可预测性的基础上，在已有的地震道采样间隔内，通过一定的策略和算法主动插值所需要地震道的方法。而实际上，地下各种介质在局部区域多为连续性，很少发生突变现象，因此可以根据已有的数据信息，预测出未知的信息。在野外地震勘探数据采集中，由于信号处理中有限性特点，也需要对连续变化的地下介质进行离散采样，而后通过计算机处理使其反映出连续变化的地震波场特征，从而精确地了解地下地层变化情况。然而由于野外条件的限制，不可能获得所有需要的离散化数据采样点，从而存在数据道缺失问题，而缺失的地震道也是在基于地震道之间存在连续性和可预测性的基础上，通过一定的重建方法和手段来进行预测估计，在已有的地震道基础上恢复出采样网格更精细的地震数据体，以满足后续处理的需要，如地震子波估计、多次波消除、速度分析、偏移归位、

时移地震可重复性处理、不同面元资料的融合等。由此可知，能否成功重建出更密的地震数据主要取决于重建算法的效率与精度，这也直接推动了地震勘探重建技术向前发展的方向。目前，常见的地震数据重建方法主要有四类，第一类是基于滤波器方法，第二类是基于波场算子方法，第三类是基于快速降秩方法，第四类是基于数学变换方法。这些方法都有各自的局限性和优点，很难直接回答哪种方法较好，但对于本书来讲，主要采用数学变换方法进行数据重建，然而数学变换方法也较多，在实际处理过程中也产生了较多的重建算法，每种算法都有各自的优缺点。本书重点研究内容主要是利用压缩采样理论，在傅里叶变换的基础上，采用常规曲波变换和非均匀曲波变换，探索一种有效的数据压缩和重建方法，并且与其他重建算法进行对比，在保证重建质量的情况下提高运算速度，使其能够较好地应用到工业生产中去，以解决目前复杂地区数据采集所面临的问题。

2.2　压缩采样理论

2.2.1　概述

随着社会的发展，以带宽有限为基础的信号处理框架要求的采样速率也越来越高，导致采集的硬件设备也面临较大压力。从某种意义上来讲，以信号带宽为基础的采样定理有时候并不是最佳的。然而，由于信号在具有带宽特性的基础上也具有一定的稀疏性，基于此，Donoho（2004）系统地提出压缩采样理论的信号采样方式，之后 Candès（2006）将其进一步发展，打破了常规尼奎斯特-香农（Nyquist-Shannon）采样定理的限制，即在不满足尼奎斯特-香农采样定理的条件下，只需极少的采样点数，同时满足一定的前提条件，仍然可以较好地恢复出原始完整信号。

压缩采样理论指出，当信号满足稀疏条件或者在某个数学变换域是稀疏的，那么就可以用一个与稀疏基不相干的测量矩阵对信号进行采样，利用较少的采样点通过高精度的算法不断优化重建，就可以从较少的采样点中高精度地恢复出原始信号。由此可见，在压缩采样理论框架中，信号的采样速率可以大幅度提高，同时又可以不断地压缩数据，降低野外地震数据采集和储存的成本，从而将该成本转移到室内信号重建中来（卢雁等，2012；宋维琪、吴彩端，2017）。从理论上来讲，只要能找到合适的稀疏表示方式，任何信号都可以进行有效地压缩重建。

2.2.2　核心问题

1）信号的稀疏表示

假设有一维信号 f（$f \in \mathbf{R}^N$），长度为 N，如果是高维数据，则可以通过将其向量化得到这样的一维向量，假设该信号在稀疏基（如傅里叶变换）ψ 上可以稀疏表示，即

$$f = \begin{bmatrix} f(1) \\ f(2) \\ \vdots \\ f(N) \end{bmatrix} = \boldsymbol{\psi}^{-1} \boldsymbol{a} \tag{2.3}$$

式中，$\boldsymbol{\psi}^{-1}$ 为 $\boldsymbol{\psi}$ 的逆，$\boldsymbol{\psi}^{-1} = [\boldsymbol{\psi}_1^{-1}, \boldsymbol{\psi}_2^{-1}, \cdots, \boldsymbol{\psi}_N^{-1},]$，$\boldsymbol{\psi}_i^{-1}$ $[i \in (1, 2, \cdots, N)]$ 为 $N \times 1$ 的向量；系数 $a_i = \langle f, \boldsymbol{\psi}_i \rangle = \boldsymbol{\psi}_i f$，而当原始地震信号在稀疏基上只有 K 个非零稀疏系数时 $N \gg K$，属于严格稀疏的情况。显然信号 f 是在时域中的表示，系数 $\boldsymbol{a}$ 是信号在 $\boldsymbol{\psi}$ 域的表示。

Candès 等（2006）给出稀疏的一种定义，即假设信号 f 经过稀疏变换后的稀疏为 $\boldsymbol{a} = \boldsymbol{\psi} f$，如果对于 $0 < p < 2$ 和 $C > 0$，所有系数满足：

$$\| \boldsymbol{a} \|_p \equiv \left(\sum_i | \theta_i |^p \right)^{1/p} \leqslant C \tag{2.4}$$

则说明在某种意义下可以将系数向量 $\boldsymbol{a}$ 看成稀疏的，据 Candès 等（2006）研究表明，满足具有幂次速度衰减的稀疏系数，可以进行有效地重建，而常规的余弦变换、傅里叶变换、小波变换、曲波变换等都可以用于对信号进行稀疏，只是稀疏衰减的速度不同，从而决定其重建的效果也不一样。

2）测量矩阵

用一个与稀疏基不相关的 $M \times N$（$M \ll N$）测量矩阵 $\boldsymbol{\Phi}$ 对原始数据（N 维）进行随机观测，可以得到一系列测量值 $y_m = \langle f, \boldsymbol{\Phi}_m \rangle$，$\boldsymbol{y}$ 是一个 M 维向量，这样可以使原始信号从 N 维降低到 M 维。同时，在测量过程中所选择的测量矩阵不必要依赖于信号 f，但是，信号从 f 转换为 $\boldsymbol{y}$ 的过程中，测量矩阵测量到的 K（$N \gg K$）个测量值要能表示原始信息的全部特征，使信号可以高概率地重构出原始信号。

由于信号 f 在时间域可以进行如下稀疏表示，

$$\boldsymbol{y} |_{M \times 1} = \boldsymbol{\Phi} |_{M \times N} \boldsymbol{f} |_{N \times 1} = | \boldsymbol{\Phi} |_{M \times N} \boldsymbol{\psi}^{-1} |_{N \times N} \boldsymbol{a} |_{N \times 1} = \boldsymbol{\Theta} |_{M \times N} \boldsymbol{a} |_{N \times 1} \tag{2.5}$$

即

$$\boldsymbol{y} = \boldsymbol{\Theta} \boldsymbol{a} \tag{2.6}$$

式中，$\boldsymbol{\Theta} = \boldsymbol{\Phi} \boldsymbol{\psi}^{-1}$，为 $M \times N$ 感知矩阵。显然式（2.6）是欠定的，有无数个解，无法重建出原始信号。然而假设式（2.6）中的感知矩阵 $\boldsymbol{\Theta}$ 满足有限等距性质（restricted isometry property，RIP），即对于任何 K 稀疏信号 f 和常数 $\delta_k \in (0, 1)$，如果感知矩阵 $\boldsymbol{\Theta}$ 满足：

$$1 - \delta_k \leqslant \frac{\| \boldsymbol{\Theta} f \|_2^2}{\| f \|_2^2} \leqslant 1 + \delta_k \tag{2.7}$$

则原始信号可以从 M 个测量值中高概率地重构出来，有限等距性质实质上是测量矩阵 $\boldsymbol{\Phi}$ 与稀疏基 $\boldsymbol{\psi}$ 不相干。这种不相干性可以在滤除大量小系数的情况下也不会遗漏原始信号中的重要信息。其相干程度可以用参数 μ 度量

$$\mu(\boldsymbol{\Phi}, \boldsymbol{\psi}^{-1}) =: \sqrt{N} \max_{i, j} \left| \langle \boldsymbol{\Phi}, \boldsymbol{\psi}^{-1} \rangle \right| \tag{2.8}$$

式（2.8）保证了测量矩阵和稀疏基之间的不相干性，从而使不规则缺失的地震数据稀疏重建成为了可能。而且这两者的不相干性质会使缺失信息在恢复过程中并不会使其他未缺失信息受到太大影响，也就是说，可以只用较少的采样点重建出全部信息。

3）约束条件

当感知矩阵 $\boldsymbol{\Theta}$ 满足 RIP 性质时，能够先求解稀疏系数 $\boldsymbol{a} = \psi\boldsymbol{f}$，然后将稀疏度为 K 级的信号 $\boldsymbol{f}$ 从 M 维的测量值 $\boldsymbol{y}$ 中高效率高精度地恢复出来。从压缩采样理论可以得知，对于 K （$K \ll M \ll N$）级稀疏的信号，在理想情况下，只需要使用 $3K$ 到 $5K$ 个测量值就可以实现对缺失信号的精确重建。然而要从测量信号 $\boldsymbol{y}$ 中恢复出原始信号的本来面目，直接的办法就是通过不断优化进行求解 l_0 范数：

$$\tilde{\boldsymbol{a}} = \arg\min_{\boldsymbol{a}} \|\boldsymbol{a}\|_0 \quad \text{s. t.} \quad \boldsymbol{y} = \boldsymbol{\Phi}\psi^{-1}\boldsymbol{a} \tag{2.9}$$

即通过求解式（2.9）得到在稀疏变换基下的最优稀疏系数。然而由于式（2.9）的求解是一个欠定的病态问题，不容易得到精确解。但在一定条件下，l_1 最小范数和 l_0 最小范数可以得到同样的近似解。那么式（2.9）就可以变为 l_1 最小范数模型，即

$$\tilde{\boldsymbol{a}} = \arg\min_{\boldsymbol{a}} \|\boldsymbol{a}\|_1 \quad \text{s. t.} \quad \boldsymbol{y} = \boldsymbol{\Phi}\psi^{-1}\boldsymbol{a} \tag{2.10}$$

设 δ 为重构误差，则式（2.10）可写为

$$\tilde{\boldsymbol{a}} = \arg\min_{\boldsymbol{a}} \|\boldsymbol{a}\|_1 \quad \text{s. t.} \quad \|\boldsymbol{y} - \boldsymbol{\Phi}\psi^{-1}\boldsymbol{a}\| \leq \delta \tag{2.11}$$

式中，l_1 范数定义为 $\|\boldsymbol{a}\|_1 = \sum_{i=1}^{N} |a_i|$，$a_i$ 为向量 $\boldsymbol{a}$ 中的第 i 个元素。式（2.11）中的第一项是稀疏项，第二项表示通过以上的 l_1 最小范数化，不断促进 $\boldsymbol{a}$ 的稀疏性，而约束条件 $|\boldsymbol{y} - \boldsymbol{\Phi}\psi^{-1}\boldsymbol{a}| \leq \delta$ 可以保证该方程解收敛于真值，当通过式（2.11）反演计算出稀疏系数 $\tilde{\boldsymbol{a}}$ 后，就可以得到原始信号的估计值 $\tilde{\boldsymbol{f}} = \psi^{-1}\tilde{\boldsymbol{a}}$，即重建后的完整地震数据。

2.3　采样方法

2.3.1　互相干噪声评价函数

根据压缩采样理论可知，测量矩阵 $\boldsymbol{\Phi}$ 和稀疏基 ψ 不相关，如果两者的相干性较好，则会影响到数据的重建质量，因此，压缩采样理论的一个关键问题就是随机欠采样方式，因为该采样方式可以将由规则采样所引起的空间假频转化成比真实频率更小的随机噪声。因此，为了判别转化后噪声能量的互相干程度，Lustig 等（2008）定义格拉姆（Gram）矩阵如下：

$$\boldsymbol{G} =: (\boldsymbol{F})_p^H (\boldsymbol{F})_p, \quad \boldsymbol{F} =: \boldsymbol{\Phi}\psi^{-1} \tag{2.12}$$

式中，上标 H 表示矩阵转置。事实上，对于矩阵中的任何一个点 i，如果将其他各点 j（$j \neq i$）的 Gram 值都画在同一个图形上比较，从这张图上就可以看出其他各个点对 i 点的互相干影响程度。如果影响程度较小，则可以进行有效地重建，反之，会造成较大影响。

为充分说明该特性，现引入一个点扩散函数概念来说明随机特性对于压缩采样理论的重要性，点扩散函数即 PSF（point spread funtion）：

$$\text{PSF}(i) =: \boldsymbol{G}\boldsymbol{e}_i = \boldsymbol{F}_p^H \boldsymbol{F}_p \boldsymbol{e}_i \tag{2.13}$$

式中，$\boldsymbol{e}_i$ 为单位向量。该函数可以用来说明其他各个采样点对于第 i 个样点的影响程度。

如果是欠采样,那么其他各个样点对该点就存在相干噪声干扰,通过 PSF 图可以直观表达该采样方式对数据重构的影响。现对某模型信号 [图 2.1 (a)] 进行采样 PSF 图件分析,当采用 50% 规则欠采样的时候,会引入与信号真实频率成分相当的相干噪声,如图 2.1 (b) 所示,这就导致真实信号成分无法有效地被探测到,直接影响数据重建的效果,然而当信号采样满足压缩采样理论要求的时候,如采用 50% 随机欠采样,可以发现,缺失道采样只引入了许多随机噪声,如图 2.1 (c) 所示,有效信号可以很明显被探测到,这对精确重构完整而规则的数据是非常关键的。为此只有当满足随机欠采样条件下,才可以把与真实频率成分相混淆的相干噪声,转化为与真实频率成分不相干的随机噪声,此时就很容易将有效频率成分提取出来,从而将重建问题转化为简单的去噪问题。

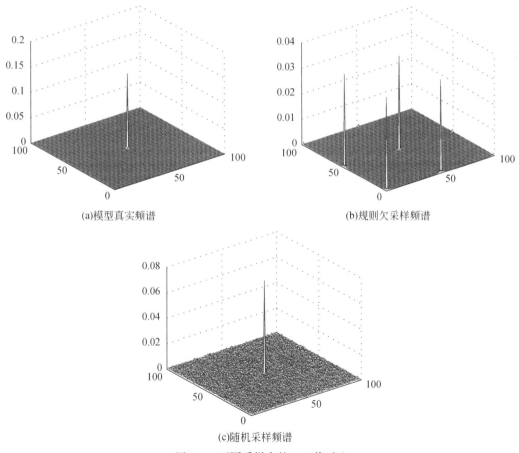

(a)模型真实频谱　　　　　　　　　(b)规则欠采样频谱

(c)随机采样频谱

图 2.1　不同采样率的 PSF 值对比

2.3.2　一维采样方式

当采用规则采样时,如果采样频率低于信号的 Nyquist 频率,就会出现混淆信号真实频率的干扰频率成分现象,从而影响后续的数据恢复工作。压缩采样前提条件之一就是随机欠采样方法，因为它可以将相干噪声转化成容易滤除的低幅值不相干噪声，即使与真实频谱相互叠合在一起，也可以通过一定的算法检测出信号的真实频率，然而由于随机欠采样方式完全是随机的，在每个区域内的样点被选中的概率都是相等的，尽管采样点对原始数据有着良好的代表性，但只采用简单的随机欠采样还不够，因为这种纯随机采样方式不能控制缺失地震道之间的间距，会造成采样间隔过于集中或者过于分散，难以达到满足一定精度的重建效果，同时野外数据采集也不允许这样做，因此在前人的基础上，引入 Jitter 采样方式，改变传统随机采样方式的思维，以控制采样间隔提高地震数据重建效果。

Jitter 采样是来源光学领域中的一个名字，表示偏离中心位置的大小，也意为"抖动"，该采样方式首先根据需要，将待采样区域划分成若干个子区域，然后对每个所划分的子区域内都随机地采集一个样点，从而保证了各个子区域都有采样点，不规则缺失道的间隔也得到了一定程度的控制，但仍然保持样点的随机性，满足压缩采样定理的要求。

为了说明 Jitter 欠采样策略，假设欠采样因子 γ 设为奇数，如 $\gamma = 1$，3，5…，总数据采样点是 γ 的倍数，使采集到的样点数 $n = N/\gamma$ 为整数，从而可以给出 Jitter 采样点为

$$y[i] = f_0[j], \quad i = 1, \cdots, n \tag{2.14}$$

且

$$j = \underbrace{\frac{1 - \gamma}{2} + \gamma \times i}_{\text{确定性}} + \underbrace{\varepsilon_i}_{\text{随机}} \tag{2.15}$$

离散随机变量 ε_i 是独立的整数，并且在 $-[(\xi-1)/2]$ 和 $[(\xi-1)/2]$ 之间为均匀分布，参数 ξ 称为抖动参数，满足 $0 \leqslant \xi \leqslant \gamma$，主要表示在粗糙网格下抖动的大小，当 $\xi = \gamma$ 时，为最优 Jitter 采样，当 γ 是偶数时也满足以上要求，详细推导过程可以参考相关文献（Leneman，1996）。

图 2.2（a）为三个不同频率的余弦函数叠加信号，满足尼奎斯特采样定理进行规则采样，且这个信号在傅里叶域是稀疏的，图 2.2（b）为其振幅谱。图 2.2（c）为 50% 随机欠采样，图 2.2（d）为其振幅谱，从中可以看出，假频转为不相干的随机噪声，这种情况下，在噪声水平之上的重要信号系数能够被恢复，这些系数能够通过促进稀疏的去噪技术进行检测，从而精确地恢复出原始信号。这个例子说明如果信号在傅里叶域是稀疏的，可以从较为严重的欠采样中得到良好的恢复。图 2.2（e）为 50% Jitter 欠采样，避免了采样间隔过大或者过小，同时也保持采样矩阵的随机性，图 2.2（f）为其振幅谱，可以看出信号频谱依然可以较好地从不相干噪声中检测出来，并且信号频谱更为集中。图 2.2（g）为50% 规则欠采样，规则欠采样所引起的假频与真实频谱相似 [图 2.2（h）]，这种情况下，由于在傅里叶域待恢复的信号成分与假频都是稀疏的，且峰值近似相等，稀疏促进重建方法可能失效，需要采用其他算法提取有用信号频谱。因此这个例子表明对于傅里叶域促进稀疏的重建算法，随机欠采样比规则欠采样更加有利，而 Jitter 欠采样可能比随机欠采样恢复效果更好。

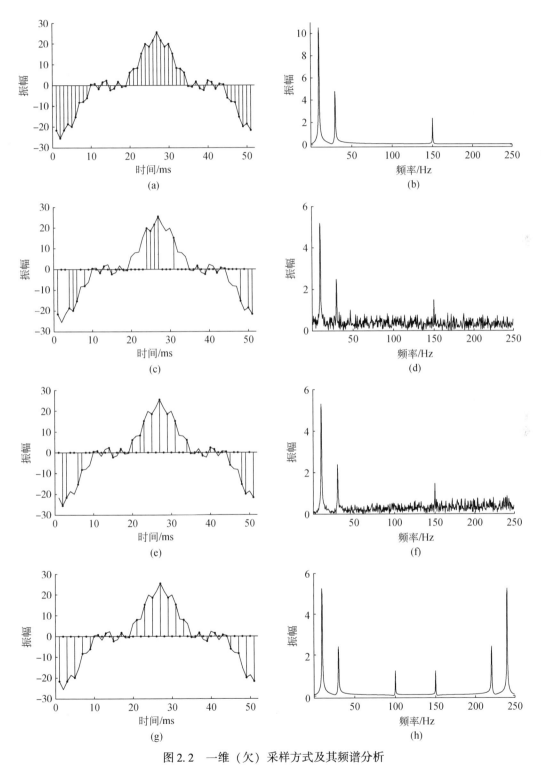

图2.2 一维（欠）采样方式及其频谱分析

（a）规则采样信号；（c）随机欠采样；（e）Jitter采样；（g）规则欠采样；（b）、（d）、（f）、（h）为对应频谱

2.3.3　二维采样方式

一维采样方式只沿着一个空间方向进行数据采集，即沿着单一轴方向划分子集，导致重建效果有限，因此需要发展二维采样方式，沿着两个空间坐标轴方向同时采集数据，然而二维随机欠采样也是完全随机的，不能控制采样点间距，导致部分重要信息没有采集到，而不重要的信息又过多采集，浪费了不必要的成本，导致重建效果有限，因此也引入二维 Jitter 采样，其原理和实现方式与一维 Jitter 采样类似，正方形 Jitter 采样公式为

$$f_s(x, y) = \sum_{k=-\infty}^{\infty} \sum_{l=-\infty}^{\infty} f_0(kT_x, lT_y)\delta(x - kT_x)\delta(y - lT_y) \tag{2.16}$$

式中，T_x 和 T_y 分别为 x 和 y 方向的采样间隔；δ 为连续狄拉克脉冲函数，所有的采样区域都是在指定的平面上进行的；采样函数 f_s 为完整离散数据 f_0 在每个采样位置与脉冲函数的乘积，水平方向和垂直方向的采样间隔可以不相等。

为了模拟空间二维数据采样过程，对某一合成地震叠前数据体沿着炮点和检波点方向抽取时间切片，抽取方式如图 2.3 所示。图 2.4（a）为抽取的时间切片，满足尼奎斯特采样定理进行规则采样，横坐标表示沿检波器方向的采样点数，纵坐标表示沿着炮点方向的样点数，图 2.4（b）为其二维振幅谱分析，可看出该数据在傅里叶域是稀疏的，满足压缩采样理论要求。为了模拟野外数据采样过程，首先对其进行随机欠采样，图 2.4（c）为 50% 随机欠采样，图 2.4（d）为其二维振幅谱分析，从中可以看出，采样矩阵是随机的，和信号本身不相干，因此引起的假频干扰转为不相干的随机噪声，真实振幅谱可以通过阈值算法进行检测，将数据重建问题转为更简单的去噪问题，从而恢复出原始数据。图 2.4（e）为 50% Jitter 欠采样，避免了采样间隔过大或者过小，同时也保持采样矩阵的随机性，更好地指导野外数据采集，图 2.4（f）为其振幅谱，可以看出信号真实振幅谱较为集中，可以较好地从不相干的噪声中检测出来。图 2.4（g）为 50% 规则欠采样，规则欠采样所引起的假频与真实振幅谱较为接近［图 2.4（h）］，从而很难检测出信号的真实频率，使稀疏促进重建策略受到一定影响，需要采用其他算法提取出真实有用信号。

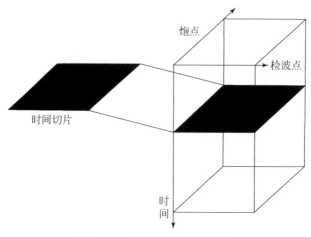

图 2.3　时间切片抽取示意图

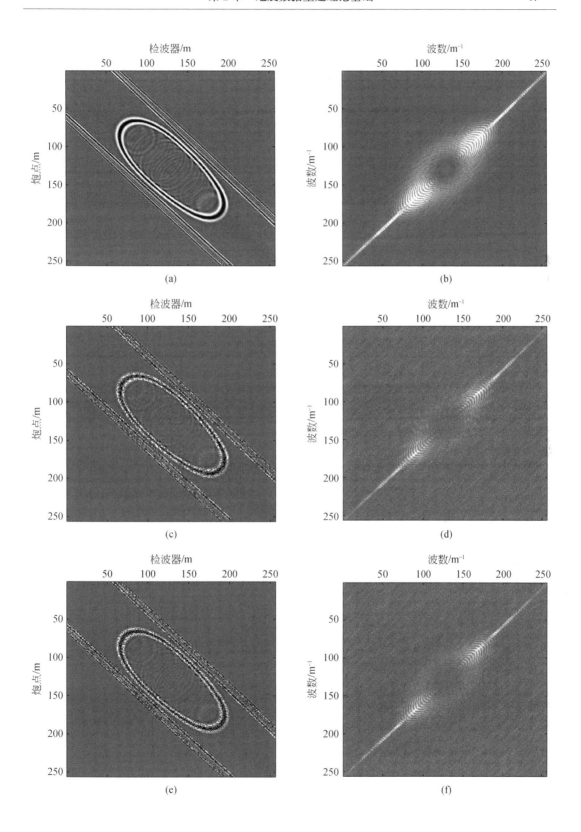

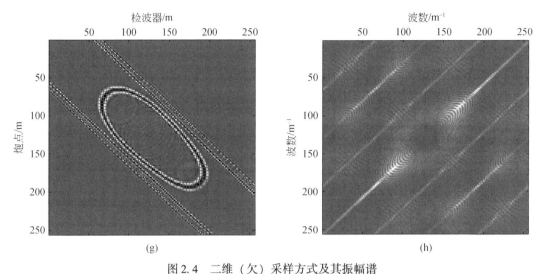

图 2.4　二维（欠）采样方式及其振幅谱

（a）规则采样；（c）随机欠采样；（e）Jitter 采样；（g）规则欠采样；（b）、（d）、（f）、（h）为对应的振幅谱

2.4　变换域稀疏约束求解

Claerbout 和 Nichols（1991）指出，不规则地震数据重建就是使插值重建后与重建前的数据在某种概率下具有最小的能量差，为了详细推导出不均匀缺失地震数据重建过程，首先分析 l_2 范数和 l_1 范数约束条件在压缩采样理论中的应用差异，以及求解过程中所产生的问题，在此基础上，重点阐述了 l_1 范数约束的重建方法。

2.4.1　l_2 范数约束

完整而规则的原始数据 f 可以通过采样矩阵的作用，分解为未缺失和缺失的两大部分，根据 Claerbout 和 Nichols（1991）的理论，可以将地震数据重建问题看成求解如下最小平方问题：

$$0 \approx \| y - \boldsymbol{\Phi} f \|_2$$
$$0 \approx \varepsilon \| \boldsymbol{\psi} f \|_2 \tag{2.17}$$

式中，$\| \cdot \|$ 表示 l_2 范数；ε 为比例系数；$\boldsymbol{\Phi}$ 为 mask 矩阵，表示采样矩阵，采样点缺失位置对应值为 0，其他值为 1；y 为重建前的地震数据，缺失的地震采样点用零填充；$\boldsymbol{\psi}$ 为某种正则化算子或者为某数学变换，主要通过约束条件使重建前后的地震数据误差最小，式（2.17）表述了正则化理论框架下的数据重建方法。如果采用预条件的表示形式，数据重建问题也可以写成如下的最小平方问题：

$$0 \approx \| y - \boldsymbol{\Phi} P a \|_2$$
$$0 \approx \varepsilon \| a \|_2 \tag{2.18}$$

式中，a 为引入的一个新的向量，满足 $m = \boldsymbol{\psi}^{-1} a$。如果正则化算子 $\boldsymbol{\psi}$ 或预条件算子 P 存在

式（2.19）的关系：

$$PP^{\mathrm{T}} = (\boldsymbol{\psi}^{\mathrm{T}}\boldsymbol{\psi})^{-1} \tag{2.19}$$

则式（2.17）和式（2.18）等价，其解析解为

$$\boldsymbol{f} = \boldsymbol{\psi}^{-1}(\boldsymbol{\psi}^{-1}\boldsymbol{\Phi}^{\mathrm{T}}\boldsymbol{\Phi}\boldsymbol{\psi}^{-1} + \varepsilon\boldsymbol{I})^{-1}\boldsymbol{\psi}^{-\mathrm{T}}\boldsymbol{\Phi}^{\mathrm{T}}\boldsymbol{y} \tag{2.20}$$

式中，$\boldsymbol{I}$ 为单位矩阵。

　　一般来说，通过稀疏变换后，原始信号都能被稀疏，即少量的系数就能代表原始信号，如果将稀疏变换作为正则化算子，那么 $\boldsymbol{\psi}$ 就是变换算子，针对式（2.17）～式（2.20）可知。假设数学变换基 $\boldsymbol{\psi}$ 是相互正交，则

$$\boldsymbol{\psi}^{\mathrm{T}} = \boldsymbol{\psi}^{-1} \tag{2.21}$$

从而式（2.20）可以写为

$$
\begin{aligned}
\boldsymbol{f} &= \boldsymbol{\psi}^{-1}(\boldsymbol{\psi}^{-\mathrm{T}}\boldsymbol{\Phi}^{\mathrm{T}}\boldsymbol{\Phi}\boldsymbol{\psi}^{-1} + \varepsilon\boldsymbol{I})^{-1}\boldsymbol{\psi}^{-\mathrm{T}}\boldsymbol{\Phi}^{\mathrm{T}}\boldsymbol{y} \\
&= \boldsymbol{\psi}^{-1}[\boldsymbol{\psi}^{\mathrm{T}}(\boldsymbol{\psi}^{-\mathrm{T}}\boldsymbol{\Phi}^{\mathrm{T}}\boldsymbol{\Phi}\boldsymbol{\psi}^{-1} + \varepsilon\boldsymbol{I})^{-1}]^{-1}\boldsymbol{\Phi}^{\mathrm{T}}\boldsymbol{y} \\
&= \boldsymbol{\psi}^{-1}[\boldsymbol{\Phi}^{\mathrm{T}}\boldsymbol{\Phi}\boldsymbol{\psi}^{-1} + \varepsilon\boldsymbol{I}\boldsymbol{\psi}^{\mathrm{T}}]^{-1}\boldsymbol{\Phi}^{\mathrm{T}}\boldsymbol{y} \\
&= \boldsymbol{\psi}^{-1}[\boldsymbol{\Phi}\boldsymbol{\psi}^{\mathrm{T}} + \varepsilon\boldsymbol{I}\boldsymbol{\psi}^{\mathrm{T}}]^{-1}\boldsymbol{\Phi}^{\mathrm{T}}\boldsymbol{y} \\
&= \boldsymbol{\psi}^{-1}[(\boldsymbol{\Phi} + \varepsilon\boldsymbol{I})\boldsymbol{\psi}^{\mathrm{T}}]^{-1}\boldsymbol{\Phi}^{\mathrm{T}}\boldsymbol{y} \\
&= \boldsymbol{\psi}^{-1}\boldsymbol{\psi}(\boldsymbol{\Phi} + \varepsilon\boldsymbol{I})^{-1}\boldsymbol{\Phi}^{\mathrm{T}}\boldsymbol{y} \\
&= (\boldsymbol{\Phi} + \varepsilon\boldsymbol{I})^{-1}\boldsymbol{\Phi}^{\mathrm{T}}\boldsymbol{y}
\end{aligned} \tag{2.22}
$$

　　由于 $(\boldsymbol{\Phi}+\varepsilon\boldsymbol{I})^{-1}\boldsymbol{\Phi}^{\mathrm{T}}$ 是对角矩阵，因此 $\boldsymbol{f}$ 只是对原始缺失数据做了按比例的扩大或缩小，并没有重建出数据。式（2.22）表明，只用稀疏变换做正则化算子而没有其他任何约束条件则不能重建地震数据。为此，Liu 和 Sacchi（2004）选择傅里叶基作为式（2.17）中的正则化算子 $\boldsymbol{\psi}$，提出了加权最小范数重建算法，从而可以将式（2.17）改写为

$$
\begin{aligned}
0 &\approx \parallel \boldsymbol{y} - \boldsymbol{\Phi}\boldsymbol{f} \parallel_2 \\
0 &\approx \varepsilon \parallel \boldsymbol{W}\boldsymbol{\psi}\boldsymbol{f} \parallel_2
\end{aligned} \tag{2.23}
$$

式中，$\boldsymbol{W}$ 为权重因子，也是一个对角矩阵。式（2.23）表明，加上权重因子，那么就变成了 l_2 范数加权后最小。Liu 和 Sacchi（2004）分析了权重因子的选取办法，并通过阈值迭代的方法来完成了不规则地震数据重建。

2.4.2　l_1 范数约束

　　由于不加其他约束直接采用 l_2 范数进行约束则不能重建出缺失道信息。为此，再采用 l_1 范数进行约束，对于式（2.18），先验信息 $\boldsymbol{a}$ 为稀疏，可以从数学上描述 l_1 范数正则化过程，将式（2.18）写为

$$
\begin{aligned}
0 &\approx \parallel \boldsymbol{y} - \boldsymbol{\Phi}\boldsymbol{\psi}^{-1}\boldsymbol{a} \parallel_2 \\
0 &\approx \varepsilon \parallel \boldsymbol{a} \parallel_1
\end{aligned} \tag{2.24}
$$

由式（2.24）可见，l_1 最小范数约束下反问题的求解需要通过反演的思想进行求解，为此，引入一种凸集投影（projection on convex sets，POCS）理论和阈值迭代法来求解在 l_1 最小范数约束条件的最优解。

2.5　地震数据重建算法

压缩采样理论的关键技术之一，是需要寻找高精度算法来求解本章提到的欠定方程。在均匀采样下的不规则地震数据重建中，本书重点采用 POCS 算法，同时也将其与其他算法进行对比，从中体现出 POCS 算法的优势。

2.5.1　凸集投影算法

采用 POCS 算法，将式（2.24）转化为

$$\tilde{a} = \arg\min \parallel a \parallel_1 \quad \text{subject } y \text{ to} \quad y - \boldsymbol{\varPhi}\boldsymbol{\psi}^{-1}a = 0 \tag{2.25}$$

假设系数 $\tilde{a}$ 是式（2.25）的解，则 l_1 曲面球 $A = \{a: \parallel p \parallel_1 \leqslant \parallel a \parallel_1\}$ 和超平面 $B = \{a: y - \boldsymbol{\varPhi}\boldsymbol{\psi}^{-1}a = 0\}$ 相交于一点，即 $A \cap B = \tilde{a}$，求解的过程是通过迭代的思想先将 $\tilde{a}$ 投影到集合 A，然后再将所得到的解投影到集合 B，交换投影使两个曲面 $A \cap B$ 中最终收敛于一点，从而得到了最终解。

凸集投影算法的过程如下：

（1）选择不同的阈值参数 λ_i（$i = 1, 2, 3, \cdots, N$，其中 N 为迭代次数），然后将缺失道地震数据作为初始值，即 $y_0 = y$。

（2）将初始化的地震数据 y_{i-1} 做稀疏变换，得到系数 $a_{i-1} = \boldsymbol{\psi}y_{i-1}$，去除小于阈值 λ_i 的值，并将其充零，即 $a_i = T_{\lambda_i}\boldsymbol{\psi}a_{i-1}$，下标 i 表示第 i 次阈值参数值；T_{λ_i} 为阈值算子。

（3）将稀疏系数 a_i 做反变换

$$y_i = \boldsymbol{\psi}^{-1}a'_i \tag{2.26}$$

并将 y 中未缺失的地震数据充填到 y_i 上，即

$$y_i = (I - \boldsymbol{\varPhi})y_i + \boldsymbol{\varPhi}y \tag{2.27}$$

然后将 y_i 再代入步骤（2），又重新进行阈值迭代，迭代 N 次后直到满足精度要求为止，最后对迭代 N 次后的系数 a_n 做逆变换，从而得到最终的重建结果，从中可以看出 POCS 算法关键在于阈值参数 λ_i 的选取。

为了进一步分析 POCS 算法，以下从数学的角度来阐述 POCS 迭代过程。向集合 B 进行数学投影的表达式为

$$\tilde{a}_{i-1} = a_{i-1} + \boldsymbol{\Theta}^*(y - \boldsymbol{\Theta}a_i) \tag{2.28}$$

式中，$\boldsymbol{\Theta} = \boldsymbol{\varPhi}\boldsymbol{\psi}^{-1}$；$\boldsymbol{\Theta}^*$ 为 $\boldsymbol{\Theta}$ 的伴随矩阵。向集合 A 投影可以理解为去除小于阈值 λ_i 的值，保留大于阈值 λ_i 的过程，即

$$a_i = \begin{cases} \tilde{a}_{i-1} & \mid \tilde{a}_{i-1} \mid > \lambda_i \\ 0 & \mid \tilde{a}_{i-1} \mid \leqslant \lambda_i \end{cases} \tag{2.29}$$

式中，$\mid \cdot \mid$ 表示绝对值。阈值可以选为硬阈值，也可以选为软阈值。由式（2.28）和式（2.29）可得

$$
\begin{aligned}
\tilde{a}_i &= T_i\big[\, a_{i-1} + \boldsymbol{\Theta}^*(\boldsymbol{y} - \boldsymbol{\Theta} a_i)\,\big]\\
&= T_i\big[\, a_{i-1} + \boldsymbol{\psi}\boldsymbol{\Phi}\boldsymbol{y} - \boldsymbol{\psi}\boldsymbol{\Phi}\boldsymbol{\Phi}\boldsymbol{\psi}^{-1}a_{i-1}\,\big]\\
&= T_i\big[\, a_{i-1} + \boldsymbol{\psi}\boldsymbol{\Phi}\boldsymbol{y} - \boldsymbol{\psi}\boldsymbol{\Phi}\boldsymbol{\psi}^{-1}a_{i-1}\,\big]\\
&= T_i\big[\, \boldsymbol{\psi}(\boldsymbol{\psi}^{-1}a_{i-1} + \boldsymbol{\Phi}\boldsymbol{y} - \boldsymbol{\Phi}\boldsymbol{\psi}^{-1}a_{i-1})\,\big]\\
&= T_i\big\{\, \boldsymbol{\psi}\big[\,\boldsymbol{\Phi}\boldsymbol{y} + (\boldsymbol{I} - \boldsymbol{\Phi})\boldsymbol{\psi}^{-1}a_{i-1}\,\big]\,\big\}
\end{aligned} \tag{2.30}
$$

式中，$(\boldsymbol{I}-\boldsymbol{\Phi})\,\boldsymbol{\psi}^{-1}a_{i-1}$ 为缺失地震道通过第 i 次迭代所重建出来的缺失道数据。式（2.30）从数学上简单阐明了 POCS 算法的实质。

2.5.2　阈值迭代法

式（2.24）也可以等价表述为式（2.31）：

$$
\tilde{\boldsymbol{x}} = \arg\min_{x} \frac{1}{2}\,\|\boldsymbol{y} - \boldsymbol{\Theta}a\|_2^2 + \lambda\,\|a\|_1 \tag{2.31}
$$

式中，$\boldsymbol{\Theta}=\boldsymbol{\Phi}\boldsymbol{\psi}^{-1}$，阈值因子 λ 的选用特别关键，因为它的作用直接影响到该方程中 l_1 范数和 l_2 范数两项之间的权重。因此，在数据重建过程中，阈值参数 λ 需要不断地促进变化，直到最终解满足一定的精度要求。该精度要求为

$$
\lambda_\varepsilon = \sup_\lambda\{\lambda:\ \|\boldsymbol{y} - \boldsymbol{\Theta}\,\tilde{a}_\lambda\|_2 \leqslant \varepsilon\} \tag{2.32}
$$

我们可以首先加大后一项的比重，即选取较大的拉格朗日乘子 λ 的值以求得稀疏逼近解，然后再减小 λ 的值，即增加前一项的权重不断迭代逼近真实解，在这里使用迭代阈值法求解。迭代阈值过程为

$$
a^n = S_\lambda(a^{n-1} + \boldsymbol{\Theta}^{\mathrm{T}}(\boldsymbol{y} - \boldsymbol{\Theta}a^{n-1})) \tag{2.33}
$$

式中，选取软阈值函数 $S_\lambda(a) = \mathrm{sgn}(a)\cdot\max(0,\ |a|-\lambda)$。式（2.33）在每次迭代过程中都会更新阈值，最小化式（2.31）中的二次方项，继而可通过阈值法投影到 l_1 球上，不断收敛到式（2.31）的解，直到满足精度要求，再对 N 次迭代后的系数 a^n 做曲波反变换就可以恢复缺失道信息，同时 a 初始值可以设置为零。

然而在解上述非线性问题过程中，首先需要保证阈值 λ 较大以强调稀疏促进的 l_1 项，随着迭代次数增加，需要使 l_2 项在求解过程中有较大影响，为此，使阈值因子 λ 慢慢递减，通过不断迭代，逐渐逼近真实解。因此，阈值参数的选取工作尤为重要，本书采取的阈值参数公式与 POCS 算法的阈值参数相同，并且提出新的阈值参数公式，以便提高重建精度和计算效率。

第 3 章　基于傅里叶变换的地震数据重建

根据传统的采样理论可知，为了实现不完整数据的理想重建，采样频率不低于信号最大频率的 2 倍，否则，将会出现不同程度的假频现象。然而受野外施工条件的限制，或者出于经济成本的考虑，不能够采集到足够多的原始数据，因此就需要利用已采集到的地震数据来重建出所需要的全部地震信息，这种利用较少地震道信息（如 30%）来恢复整个地震道的问题，显然属于欠定问题，在数学上很难求解。但压缩采样理论给求解该类问题提供了契机，可以利用随机欠采样方式将互相干假频转变成较低幅值的随机噪声，从而将数据重建问题转换为简单的数据去噪问题，最后通过高精度的重建算法来求解这个欠定问题，从而得到重建后的理想数据。

对于地震数据的重建方法，首先引入凸集投影（POCS）算法，在傅里叶变换域对地震信号强加约束，进而重建出缺失道信息，该方法不需要地下速度、倾角等先验条件，能够快速地重建出不规则缺失地震道，理论和实际数据都证明该方法具有效率快、参数设计简单等优点。在此基础上，将该重建技术推广到五维地震数据的重建中，取得了更好的效果，并且针对压缩采样中随机采样方式的不足，引入 Jitter 采样方式，讨论这两种采样方式的优缺点，以便提高信号的重建质量，更好地指导野外地震数据采集工作。

3.1　阈值参数的选取

根据压缩采样理论可知，随机欠采样将数据重建问题转化为简单的去噪问题，因此 POCS 算法和阈值迭代算法的重点都是在于阈值参数 λ_i 的选取，不同的阈值参数会获得不同的重建效果，而合适的阈值参数在满足精度要求下，可以减少迭代次数并节省计算成本，在以上两种迭代过程中，其阈值参数值一般从大到小进行变化，即大部分稀疏系数在前几次迭代中会被去除，只留下能量较强的同相轴，而在最后几次迭代中，绝大部分稀疏系数将被保留，只去除一些能量较小的随机噪声，即阈值参数 λ_i 需要满足：

$$\| \psi y \|_{\infty} = \lambda_1 > \lambda_1 > \cdots > \varepsilon \tag{3.1}$$

式中，ε 为接近零的小值，与数据中噪声的能量有关，不同数据 ε 值有所差别，该参数需要通过数值实验精确确定。Abma 和 Kabir（2006）研究了线性变化递减的阈值参数，该阈值参数 λ_i 可由式（3.2）确定：

$$\lambda_i = \text{Max} - \frac{(\text{Max} - \varepsilon)}{N - 1}(i - 1) \tag{3.2}$$

式中，Max 为 $| \psi y |$ 的最大值，即稀疏变换系数中绝对值的最大值。

Gao 等（2010）在基于傅里叶变换和 POCS 算法下，为了加快收敛速度，提出按指数规律衰减的阈值参数进行研究，并且从理论和实际算例验证该阈值参数重建效果比线性阈值参数效果好，该阈值参数表达式为

$$\lambda_i = \text{Max} \cdot e^{\frac{(i-1)[\ln \varepsilon - \ln \text{Max}]}{N-1}} \tag{3.3}$$

然而 Gao 等（2010）研究主要采用按照 e^{-x}（$0 \leqslant x \leqslant 1$）规律衰减的阈值参数，在实际运算过程中收敛相对较快，但为了进一步提高收敛速度，节省运算时间，本章在此基础上，结合傅里叶变换，提出选用按 $e^{-\sqrt{x}}$（$0 \leqslant x \leqslant 1$）规律衰减的新指数阈值参数，在保证重建精度的前提下，可以更快提高收敛速度，节省部分计算时间，该阈值参数公式为

$$\lambda_i = \text{Max} \cdot e^{[\ln \varepsilon - \ln \text{Max}]\sqrt{\frac{i-1}{N-1}}} \tag{3.4}$$

图 3.1 为线性阈值、指数阈值和本章提出的阈值参数曲线图，其中 Max = 2，ε = 0.01，图中可以看出本章提出的阈值参数在相同迭代次数下衰减速度最快，线性阈值参数衰减速度最慢，因此从理论上看可以节省部分计算时间，这对于处理海量的地震数据非常有利。

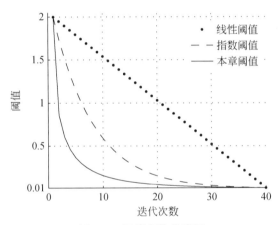

图 3.1　阈值参数曲线图

通过分析可知，对于凸集投影算法，其主要思想就是通过多次迭代，去除由不规则缺失道所产生的不相干噪声，从而将缺失地震道重建出来。该方法最早由 Bregman（1965）提出，而后广泛应用于图像处理，Abma 和 Kabir（2006）将 POCS 算法应用于不规则地震数据的重建，取得了较好的应用效果，在其研究中 POCS 算法每次迭代都需要对时间和空间上进行一次全局正反傅里叶变换，以下简称为常规 POCS 算法，而后 Gao 等（2010）对其进行简化，在迭代前后只对时间方向进行一次正反傅里叶变换，节省近 50% 时间，然而当数据重建到达五维时，每次迭代仍然需要进行五维数组正反变换，对计算机的内存要求较高，且运算时间较长，满足不了处理海量地震数据的要求。一般来讲，时间方向上不需要重建，为此，在多维数据迭代运算过程中，本书提出只对空间方向进行正反傅里叶变换，即对时间切片进行数据重建的思想，这样可以减少一维正反傅里叶变换，从而在运算过程中降低数据重建的维数，节省内存空间，尽管需要循环对每个时间切片进行处理，但也可以提高部分运算速度，更好地满足工业生产需求。

· 24 · 地震数据重建理论与方法

3.2 二维数值模拟算例

3.2.1 不同阈值重建结果

为了详细地分析 POCS 算法的本质，首先进行二维地震数据重建，选择合适的重建参数，得到最佳重建效果，为了比较不同阈值参数的重建效果，定义信噪比公式 $SNR = 20 \lg \| x_0 \|_2 / \| x - x_0 \|_2$，其中 x_0 为原始数据模型，x 为重建结果，信噪比越高，代表重建结果与模型数据越接近，重建效果越理想。图 3.2（a）为采用 40Hz 雷克子波合成的 201 道二维地震记录，道距为 4m，每道 1024 个采样点，采样间隔为 1ms。图 3.2（c）、（d）分别为原始地震记录及 70% 欠采样记录的二维振幅谱，从振幅谱中可以看出由于采用了随机

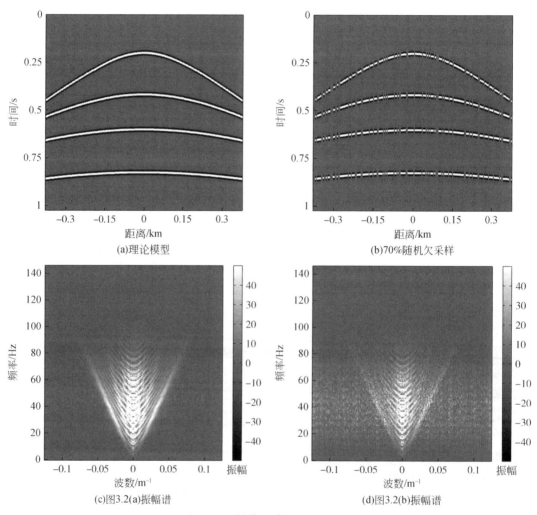

图 3.2　原始模型采样及振幅谱图

欠采样,将规则干扰转为不相干的随机噪声,可以通过 POCS 算法进行重建。图 3.3 为采用线性阈值和指数阈值参数所取得的重建结果及其振幅谱,重建后的信噪比分别为13.21dB 和 14.67dB,图 3.4 为本章所提出的新指数阈值参数重建结果及其振幅谱,重建后信噪比为 15.13dB,其中迭代次数都为 40 次,图 3.5 为三种阈值参数重建结果与原始地震数据的误差剖面,从以上结果对比可以看出,三种阈值参数重建效果都较好。传统的线性阈值和指数阈值都能较好地恢复出缺失道信息,但是相比之下,本章所提出的新指数阈值参数重建误差较少,精度较高,而且计算效率也更快,在海量数据处理中更具有优势。

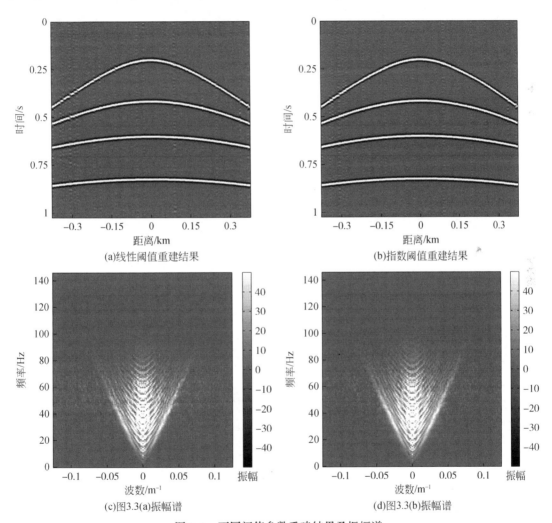

(a)线性阈值重建结果　　　　　　　(b)指数阈值重建结果

(c)图3.3(a)振幅谱　　　　　　　(d)图3.3(b)振幅谱

图 3.3　不同阈值参数重建结果及振幅谱

为了更详细地了解三种阈值参数重建后效果及其运算时间大小的关系,对理论模型进行 70% 随机欠采样后的数据进行重建,图 3.6 (a) 表示最大迭代次数为 50 次时,不同迭代次数与不同阈值参数重建后信噪比关系曲线图,可以看出每次迭代过程中本章提出的新指数阈值参数重建后信噪比最高,其次是指数阈值参数,最后才是线性阈值,同时将最大迭代次数在 5 ~ 100 次变化,计算出每次最大迭代次数与重建后信噪比关系曲线图,如图

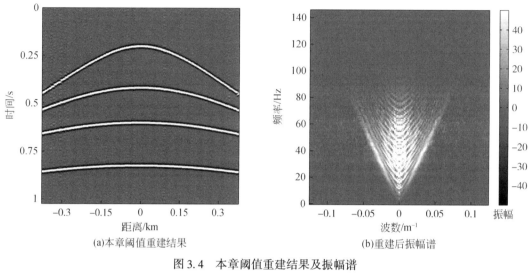

(a)本章阈值重建结果　　　　　　　　　　(b)重建后振幅谱

图 3.4　本章阈值重建结果及振幅谱

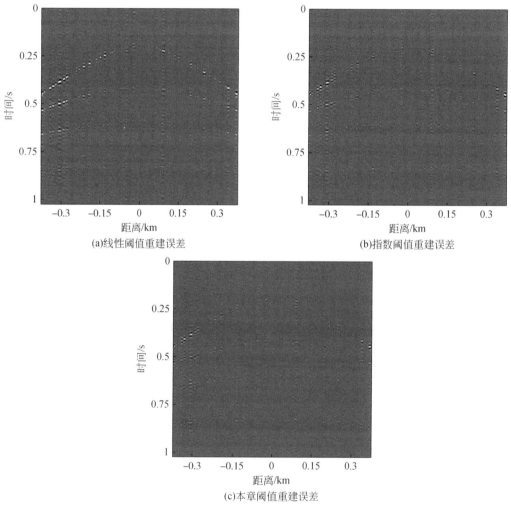

(a)线性阈值重建误差　　　　　　　　　(b)指数阈值重建误差

(c)本章阈值重建误差

图 3.5　不同阈值重建结果误差图

3.6（b）所示，而且也可以看出，要想获得信噪比为 14dB 的重建结果，线性阈值需迭代 60 次左右，指数阈值需迭代 30 次左右，而本章提出的阈值参数只需迭代 20 次左右，可以节省一定的计算时间。为了再次说明选用本章所提出的指数阈值参数优势，表 3.1 为选用最大迭代次数分别为 25、50、75、100、125、150，取得相同信噪比（SNR = 12dB）时所对应的迭代次数表，进一步可以看出本章新指数阈值参数所用的迭代次数少，计算效率高。

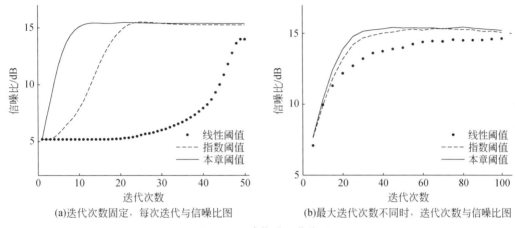

(a)迭代次数固定，每次迭代与信噪比图　　　　　(b)最大迭代次数不同时，迭代次数与信噪比图

图 3.6　重建信噪比曲线图

表 3.1　相同信噪比下三种阈值参数迭代次数比较（SNR = 12dB）

最大迭代次数	25	50	75	100	125	150
线性阈值	24	47	70	93	116	139
指数阈值	9	16	23	30	38	45
本章阈值	7	6	8	10	12	14

　　总体而言三种阈值参数重建后的信噪比都随迭代次数的增大而增加，但在相同的精度下，迭代次数太多会浪费计算时间。而对于指数阈值和本章阈值参数，当迭代次数大于 30 次后，信噪比增加量随迭代次数增加相对较少，并且当迭代次数超过 70 次时，信噪比几乎不会再增加了，因此并不是迭代次数越多越好。在重建过程中，ε 值的选取也比较关键，一般要看傅里叶系数能量的平均值。

3.2.2　不同采样率的重建效果

　　综上可知，本章提出的新指数阈值参数在实际迭代过程中效果最佳，因此以下的重建过程都采用该阈值参数公式进行。首先对比不同采样率重建效果，对原始数据模型分别采用随机欠采样 80%、60%、40% 来运用 POCS 算法进行重建，为了体现出迭代次数与重建后信噪比关系，特意绘制了不同迭代次数与信噪比的关系曲线，首先固定迭代次数，得出采样率分别为 80%、60%、40% 下重建后不同迭代次数与信噪比关系曲线图，如图 3.7（a）所示，其次当采用不同的最大迭代次数，仍然可以得出与之前类似的信噪比与迭代次数关系曲线图，如图 3.7（b）所示，从中可以看出，采样率越少，重建的效果肯定也越差，因此基于 POCS 算法的二维地震数据重建效果有限，为了提高信噪比，需要考虑高维地震数据重建，以利用其他空间方向的信息进行重建。

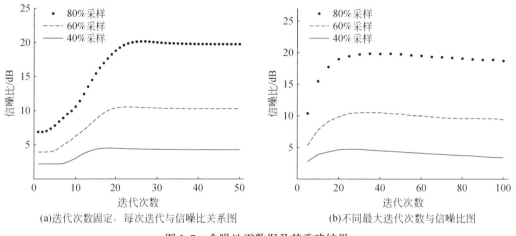

(a)迭代次数固定，每次迭代与信噪比关系图   (b)不同最大迭代次数与信噪比图

图 3.7   含噪地震数据及其重建结果

3.2.3   Jitter 采样重建效果

随机采样不能控制采样点间隔，也不符合野外施工模式，因此引入了 Jitter 采样，以便控制检波器采样间隔，更好地指导野外数据采集。同样也采用 80%、60%、40% Jitter 欠采样进行数据模拟，图 3.8 为 60% 随机欠采样和 Jitter 欠采样示意图，通过对比可以看出 Jitter 欠采样控制了采样点间隔，但仍然还保持随机性，为了说明 Jitter 欠采样

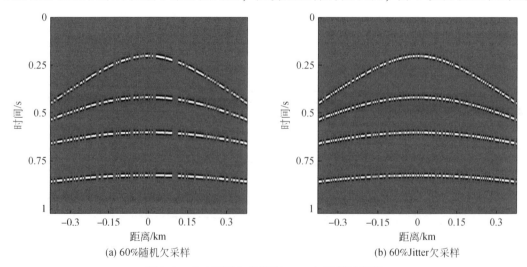

(a) 60%随机欠采样   (b) 60%Jitter欠采样

图 3.8   60%随机欠采样和 Jitter 欠采样示意图

的优势，图3.9（a）为最大迭代次数固定时，不同采样率下迭代次数与信噪比关系曲线图，图3.9（b）为当采用不同的最大迭代次数，在不同采样率下的迭代次数与信噪比关系曲线图，与图3.7 随机欠采样重建效果相比，显然 Jitter 欠采样的重建效果更好，迭代次数与信噪比的增加规律类似。

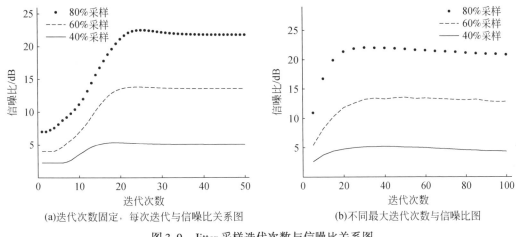

　　(a)迭代次数固定，每次迭代与信噪比关系图　　　　　　　(b)不同最大迭代次数与信噪比图

图 3.9　Jitter 采样迭代次数与信噪比关系图

3.2.4　含噪地震数据重建

　　因为地震数据通常都含有噪声干扰，所以需要检验基于本章所提出的阈值参数下 POCS 算法的抗噪能力，在理论模型［图 3.2（a）］中加入一定比例的随机噪声，如 3.10（a）所示，然后再进行抗噪模拟实验，图 3.10（b）为 60% 一维 Jitter 欠采样示意图，图 3.10（c）为 Jitter 欠采样下的重建结果，重建后信噪比 5.12dB，图 3.10（d）为重建前后的误差图，通过对比可知，含噪缺失地震道的全部信息都得到了较好恢复，且前后的有效信息损伤不

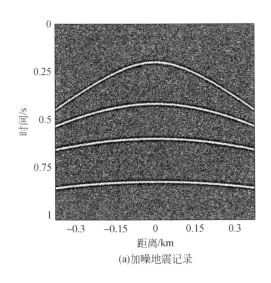

(a)加噪地震记录

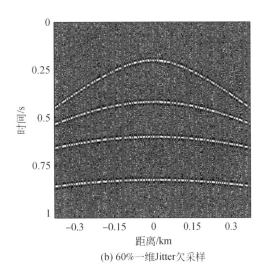

(b) 60%一维Jitter欠采样

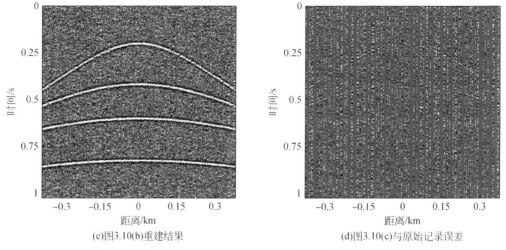

(c)图3.10(b)重建结果　　　　　　　　(d)图3.10(c)与原始记录误差

图 3.10　含噪地震数据及其重建结果（50% 地震道缺失）

大，表明信号恢复效果较好，从而也得出基于本章所提出的 POCS 算法在地震数据重建中，具有良好的抗噪能力，能够处理在含有随机噪声情况下的不规则地震数据重建问题。

3.2.5　反假频重建

为了进一步检验本章方法的反假频能力，采用 30Hz 雷克子波合成 40 道地震数据，如图 3.11（a）所示，其振幅谱如图 3.11（b）所示，可以看出在 30Hz 左右出现假频，对原始地震记录进行 70% 随机欠采样，如图 3.11（c）所示，其振幅谱如图 3.11（d）所示，从中可以知道，假频与随机欠采样所带来的不相干噪声相重叠，然后使用 POCS 算法进行重建，重建结果如图 3.11（e）所示，信噪比为 18.43dB，图 3.11（f）为重建后振幅谱，其振幅谱与地震记录的真实振幅谱几乎接近，表明本章方法具有一定的抗假频能力，可以进行复杂地区数据重建，然而只利用一维空间方向信息，当采样点缺失较为严重时，重建效果有限，因此需要发展高维的数据重建技术，通过利用其他空间信息对地震缺失道进行重建。

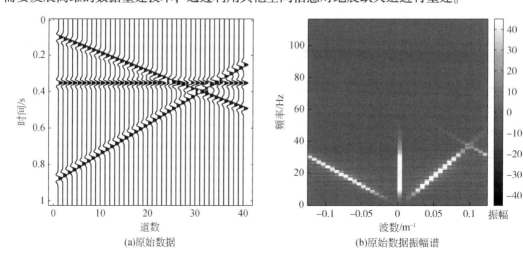

(a)原始数据　　　　　　　　　　　(b)原始数据振幅谱

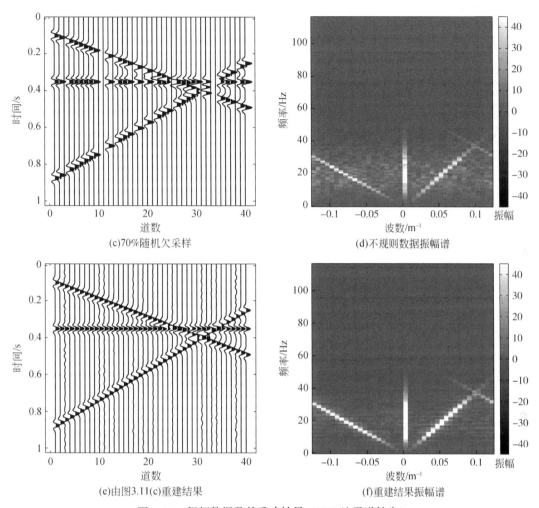

(c)70%随机欠采样　　　　　　　　(d)不规则数据振幅谱

(e)由图3.11(c)重建结果　　　　　　(f)重建结果振幅谱

图 3.11 假频数据及其重建结果（30% 地震道缺失）

3.3 三维数值模拟算例

为了提高重建效果，并且使本章方法更具有实用价值，需要发展基于 POCS 算法的三维地震数据重建技术，为此给定一个地下二维不均匀速度模型［图 3.12（a）］，采用声波有限差分算法，模拟出均匀网格采样下的正演地震记录，速度模型中的高速层代表盐层，周围被沉积层所包围，采用 256 道检波器进行接收且检波器固定不变，检波器位置在 800～3860m，道距为 12m，炮点从第一个检波器开始，依次移动一个道距进行放炮，共 256 炮，时间采样间隔为 4ms，采样点数为 256，对所得到的正演地震数据沿检波器、炮点以及时间坐标排列成三维数据体，对抽取出来的时间切片进行随机欠采样，模拟炮点和检波点随机欠采样过程，理想采样数据如图 3.12（b）所示，切片时间为 0.44s，炮点与检波点对应的距离为 1524m，即第 128 道（炮），图 2.4（b）为其时间切片的振幅谱。

　　Abma 和 Kabir（2006）提出了基于 POCS 算法的地震数据重建，在每次迭代过程中都需要对时间和空间上进行一次全局正反傅里叶变换，然而当数据重建到达五维时，每次迭代过程中仍然需要进行五维数组正反变换的运算，对计算机的内存要求较高，且运算时间较长，显然满足不了处理海量地震数据的要求。一般来讲，时间方向上是按照固定的采样率进行采样，不需要进行重建，为此，在前人研究的基础上，提出每次迭代运算过程中，只对空间方向进行正反傅里叶变换，也即对时间切片进行数据重建，这样可以减少一维正反傅里叶变换，从而在运算过程中降低数据重建的维数，节省内存空间，尽管需要循环对每个时间切片进行处理，但也可以提高部分运算速度，更好地满足工业生产需求。

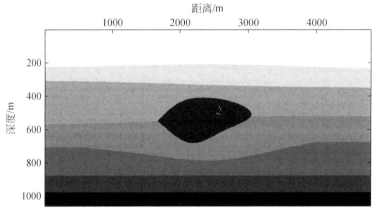

(a)简单盐层构造模型

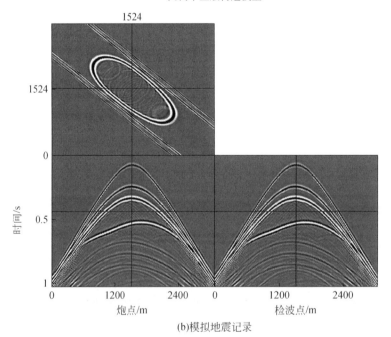

(b)模拟地震记录

图 3.12　简单盐层构造模型及其地震记录

3.3.1　一维和二维采样数据重建

为了详细模拟三维地震数据重建过程与效果，首先对一维欠采样的重建效果进行对比，通过对炮点方向进行 50% 一维随机欠采样，而检波器方向不进行采样，如图 3.13（a）所示。然后使用常规 POCS 算法对图 3.13（a）进行数据重建，即对三维数据体做三次傅里

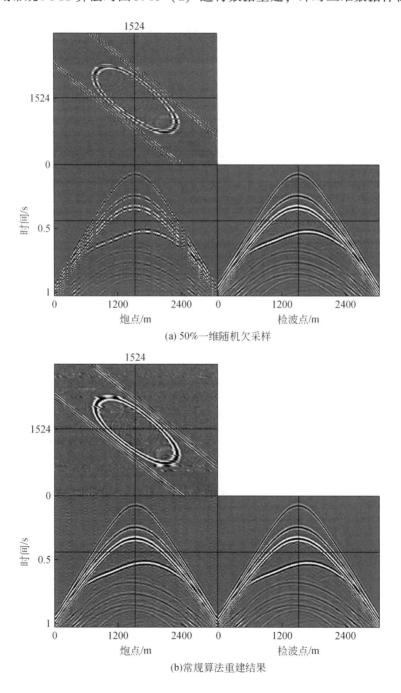

(a) 50%一维随机欠采样

(b)常规算法重建结果

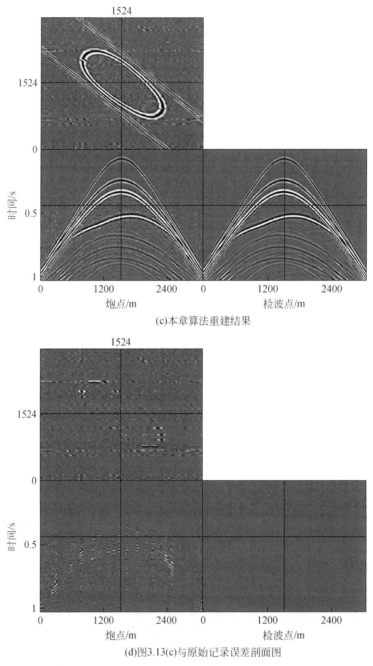

(c)本章算法重建结果

(d)图3.13(c)与原始记录误差剖面图

图 3.13　不同 POCS 算法一维欠采样重建效果比较（50%地震道缺失）

叶变换，去除低幅值阈值系数，再进行反变换，采用 30 次迭代，每次迭代运算都进行三维傅里叶正反变换，重建结果如图 3.13（b）所示，重建后信噪比为 10.54dB，在基于 MATLAB 程序下运行时间约 7.2min；在迭代次数和阈值参数相同的条件下，图 3.13（c）为本章 POCS 算法直接对时间切片进行数据重建结果，信噪比为 12.28dB，在相同的计算机资源下运算时间约为 5.1min, 3.13（d）为其误差图。从中可以看出，本章方法可以节省 1/4 左右的运算时间，并且所占内存相对较小，重建效果较好，具有一定的优势。

当然，一维欠采样的数据重建只利用一个方向的信息，重建效果有限，所以需要增加其他空间方向的信息，以便进一步提高重建精度，为此，对时间切片模型进行 50% 二维随机欠采样，结果如图 3.14（a）所示，其时间切片振幅谱如图 2.4（d）所示。考虑到对比效果，本章同类图形的比例与色谱一致，图 3.14（b）为常规 POCS 算法对二维随机欠采

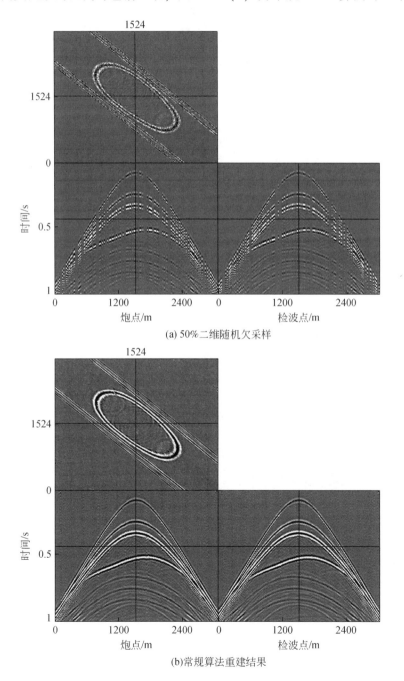

(a) 50%二维随机欠采样

(b)常规算法重建结果

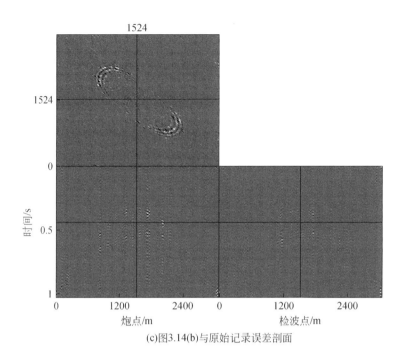

(c)图3.14(b)与原始记录误差剖面

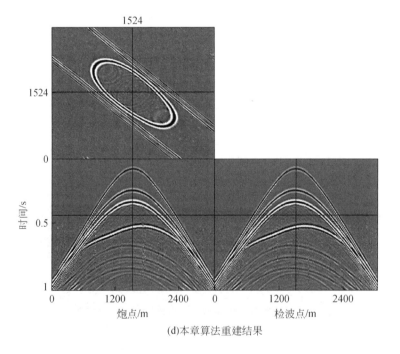

(d)本章算法重建结果

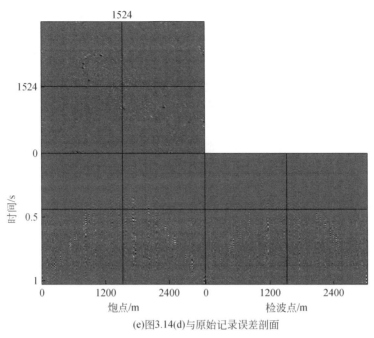

(e)图3.14(d)与原始记录误差剖面

图 3.14　不同算法重建结果比较（50%地震道缺失）

样数据重建结果，重建后信噪比为 15.30dB，图 3.14（c）为其误差剖面图，图 3.14（d）为本章方法重建结果，重建后信噪比为 18.62dB，图 3.14（e）为其误差剖面图，从中可以看出，由于增加了其他空间方向的信息，重建效果明显比单纯利用一个方向数据重建效果更好，同时也可以得出，在二维随机欠采样下，本章方法所取得的重建效果比常规 POCS 算法效果更好，重建后能量损失较少。图 3.15 为一维和二维随机欠采样下采用常规 POCS 算法与本章 POCS 算法重建后的时间切片振幅谱，从中也可以看出，采用二维随机欠采样，利用本章方法重建后的振幅谱更接近于原始地震数据的振幅谱，进一步表明高维数据重建方法的优势。

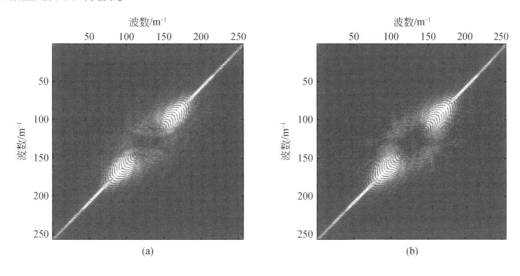

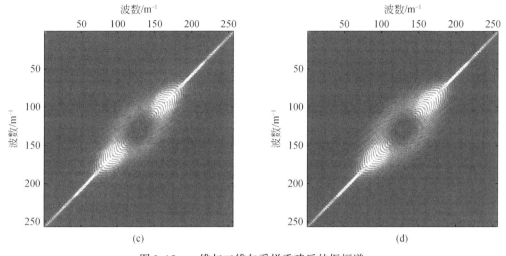

图 3.15　一维与二维欠采样重建后的振幅谱

（a）和（b）分别为图3.13（b）、图3.13（c）的振幅谱；（c）和（d）分别为图3.14（b）、图3.14（d）的振幅谱

3.3.2　反假频重建

为了进一步检验本章三维数据重建算法的反假频能力，对原始地震记录进行50%二维规则欠采样，如图3.16（a）所示，其欠采样后的时间切片模型如图2.4（h）所示，从中可以看出规则欠采样带来较为严重的假频成分，与信号的真实振幅谱存在部分重叠交叉，为此，首先使用常规POCS算法进行重建，结果如图3.16（b）所示，信噪比为13.93dB，

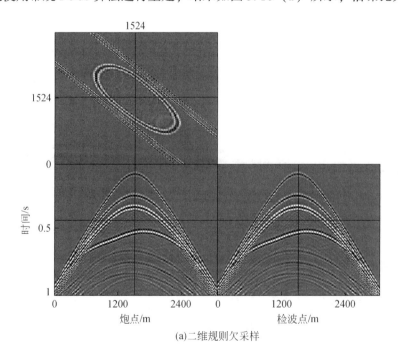

(a)二维规则欠采样

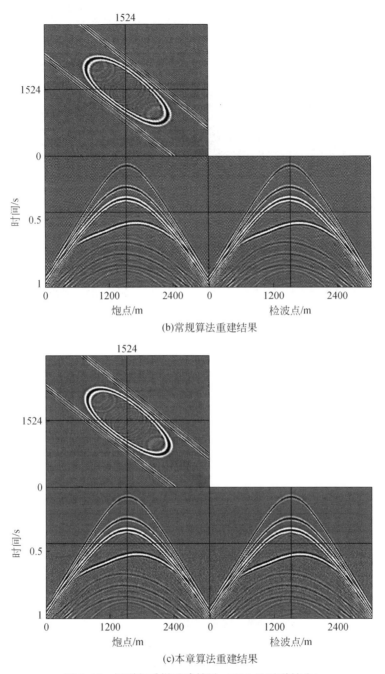

图 3.16　规则欠采样重建结果（50% 地震道缺失）

再使用本章 POCS 算法进行重建，结果如图 3.16（c）所示，信噪比为 17.74dB，但在 0.5m 以下的重建效果不佳，其原因可能与阈值选择有关系，需要进一步研究。图 3.17（a）、（b）为重建后［图 3.6（b）、（c）］的时间切片振幅谱，从中可以看出本章方法重建后的振幅谱更接近于原始数据振幅谱，因此在反假频能力方面，本章算法在所占内存小，运算速度快的同时，也可以达到比常规 POCS 算法更好的重建效果，重建后振幅谱能量损伤较小。该实例表明本章方法具有更强的抗假频能力，能够进行复杂地区缺失道较为严重的地震数据重建。

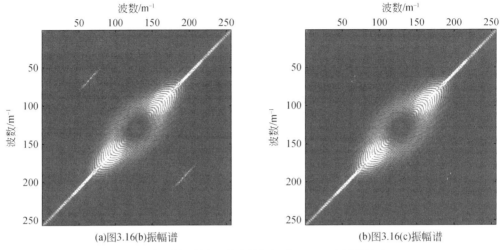

(a)图3.16(b)振幅谱　　　　　　(b)图3.16(c)振幅谱

图 3.17　规则欠采样重建结果振幅谱（50% 地震道缺失）

3.3.3　Jitter 采样重建

二维随机欠采样不能有效地控制检波点和炮点的间距，同时该采样方式也不符合野外施工方式，因此再采用二维 Jitter 采样方式对时间切片模型进行 50% 欠采样，如图 3.18（a）所示，采样后的时间切片振幅谱如图 2.4（f）所示，图 3.18（b）为本章方法的重

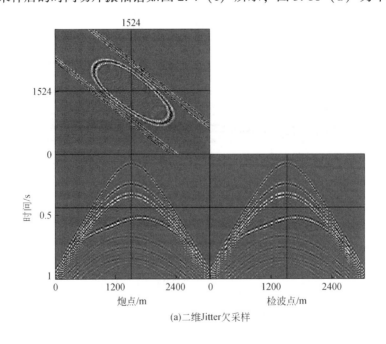

(a)二维Jitter欠采样

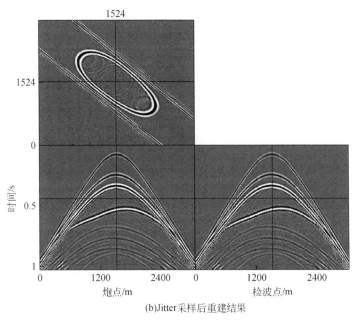

(b)Jitter采样后重建结果

图 3.18 Jitter 欠采样及其重建结果

建结果，重建后信噪比为 20.01dB，从中可以看出重建后的效果比之前二维随机欠采样重建后的效果更好，从而也说明如果采样点间隔太大，在重建过程中，相邻的样点则不能有效地对缺失道进行约束，因此在实际野外施工时，需要尽可能地在保持采样点随机性的同时，尽量控制采样点的间距，提高重建效果。

3.3.4 含噪声数据重建

由于地震数据通常都含有噪声，所以也需要检验二维 Jitter 欠采样下本章方法的抗噪能力，在图 3.12（b）模型中加入高斯随机噪声，如图 3.19（a）所示，然后进行抗噪重建实验，图 3.19（b）为 50% 二维 Jitter 欠采样示意图，图 3.19（c）为 50% 二维 Jitter 欠采样下的重建结果，重建后信噪比为 6.62dB，图 3.19（d）为重建前后误差剖面，通过对比可以看出，在三维数据体中，含有随机噪声的缺失地震道得到了较好的重建，且重建前后有效信息变化不大，表明信号恢复效果较好，这也说明采用直接对时间切片进行处理的 POCS 算法在地震数据重建中，具有良好的抗噪声能力，能够应用于实际资料处理，尽管如此，含噪地震数据会影响到重建的效果，导致信噪比相对较低，从另外一个方面说明需要发展叠前同时数据重建与噪声压制方法。

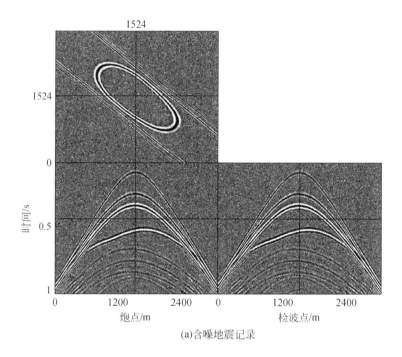

(a)含噪地震记录

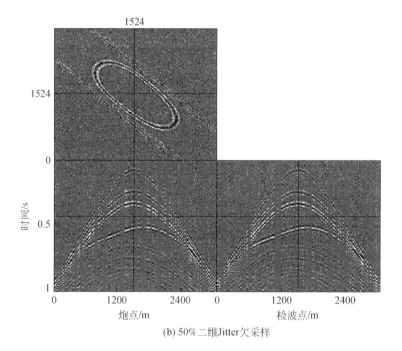

(b) 50%二维Jitter欠采样

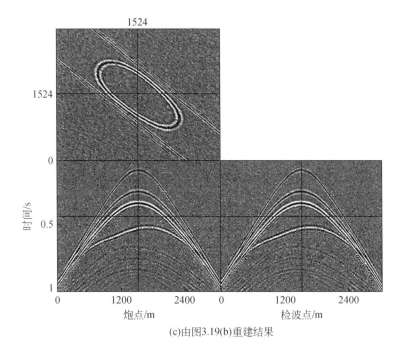

(c)由图3.19(b)重建结果

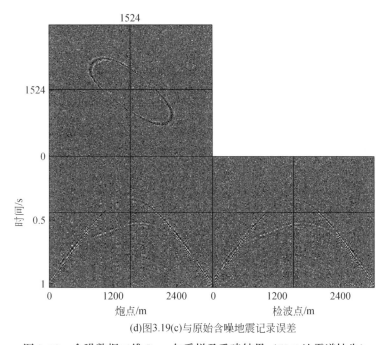

(d)图3.19(c)与原始含噪地震记录误差

图 3. 19　含噪数据二维 Jitter 欠采样及重建结果（50% 地震道缺失）

3.4　五维地震数据重建

3.4.1　方法简介

地震勘探中，地震数据体的采样已达到了五维（震源二维，检波器二维，时间一维），数据采集面临着巨大的压力，为了恢复高维的数据结构，不仅面临尼奎斯特采样定理的限制，而且也面临由于地震数据采集维数的增加而数据量呈指数增加的压力，因此有必要实现快速高效的五维地震数据重建方法，以解决目前数据采集所面临的压力并提高重建精度。

通常采用五维数组来表示野外三维地震数据，由此提出了五维地震数据重建的概念，然而目前地震数据的重建方法多集中于二维或三维，没有进一步利用其他空间方向的信息，或者说在一个方向数据采样较好，而在另外一个方向信号采样较差，而且有时候地震同相轴在某一个空间方向曲率较大，而在另外一个空间方向曲率较小，因此低维数据重建的效果也必然受到影响，导致重建结果精度不高。然而从原理上来看，五维地震数据重建方法应该效果最优，因为一个空间方向采样率低，其他几个方向可以对其进行重建。例如，飞机沿直线飞行过一个复杂的山脉时，尽管它的影子移动的路径是极其复杂的，但飞机的飞行路径始终是一条直线，没有偏离方向。从中可以看出，在三维空间内对飞机的轨迹描述（飞机的影子）要比二维平面容易得多，因此，在地震勘探重建方法中，五维地震数据的重建显然比三维地震数据的重建更能够反映复杂地区地震波场的振幅和相位等特征的细小变化。然而遗憾的是目前很多种算法由于算法本身的限制，不能实现五维地震数据的重建，或者即使实现了该技术，但由于其精度和效率的原因，也影响到了该方法的工业化生产。

所谓五维地震数据重建是从四个空间方向和一个时间方向进行地震数据重建，如二维炮点-二维检波点-时间或纵测线-横测线-炮检距-方位角-频率域五个维度，该技术与二维数据重建方法相比具有很多优势，特别是在地震数据的五个维度中同时插值，所预测缺失道的振幅和相位变化趋势会更加准确，更好地适应于复杂地区的地震波场重建。然而五维地震数据重建方法的缺点是数值解的求解过程非常困难，同时需要解决一个大型稀疏矩阵的反演问题，所用计算时间较长，为此，也在前人的基础上，拟采用POCS方法实现五维地震数据的重建方法，并采用新的指数阈值公式，进一步减少计算时间。

3.4.2　数据模拟

与基于POCS算法的三维地震数据重建方法一样，根据压缩采样理论，采用随机欠采样方式，在每次迭代运算过程中，如果数据量非常大，直接对五维数组进行正反变换，这对计算机的内存要求较高，且运算时间较长，满足不了海量地震数据处理的要求。为此，仍然只对时间切片进行数据重建，减少一维正反傅里叶变换，从而在运算过程中降低数据重建的维数，节省内存空间，尽管需要循环对每个时间切片进行处理，但也可以提高部分运算速度，并且可以采用并行算法计算，更好地满足工业生产需求。

　　为了更详细阐述基于压缩采样理论的五维地震信号重建过程，首先将该算法应用于理论模型，假设五维理论数据（CMP_x，CMP_y，$offset_x$，$offset_y$，t）包括三条不同能量的双曲线同相轴 A、B 和 C：

$$A: 3x_1 + 2x_2 - 2x_3 - 2x_4 - 25000t + 13000 = 0$$
$$B: 3x_1 + 2x_2 + 8x_3 + 8x_4 - 25000t + 23000 = 0 \tag{3.5}$$
$$C: 3x_1 + 2x_2 - 4x_3 - 4x_4 - 25000t - 24000 = 0$$

　　为了提高运算速度，减少空间内存，该理论模型的采样道数设置为21道×21道×21道×21道，采样点为256个，采样率为1ms，空间采样间隔为10m，采用30Hz雷克子波进行模拟，由于很难显示五维数据图像，为此从中选择了二维地震数据图像进行显示，图3.20（a）表示 $CMP_y = 10$，$offset_y = 20$ 三个共中心点道集，可以看出三个同相轴较为连续，数据质量较好。

　　首先对五维地震数据进行20%随机欠采样，采样结果如图3.20（b）所示，图3.20（c）为本章算法五维数据重建结果，信噪比为17.40dB，图3.20（d）为常规POCS算法重建结果，信噪比为16.71dB。为了对比五维地震数据重建与三维地震数据重建的效果，特意截取相应的三维地震数据进行重建。图3.20（e）为本章算法三维数据重建结果，信噪比为7.03dB。图3.20（f）为常规算法三维数据重建结果，信噪比为7.02dB，从中可以看出，五维地震数据重建由于多利用了二维数据的空间信息，因此重建后信噪比更高，同时也再次证明所提出来的重建方法更占有优势。

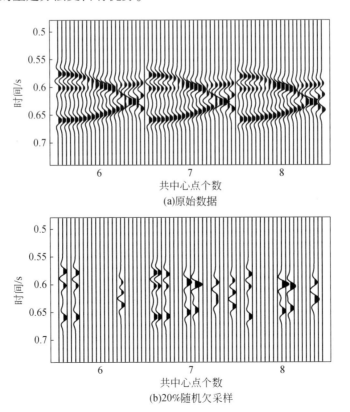

(a)原始数据

(b)20%随机欠采样

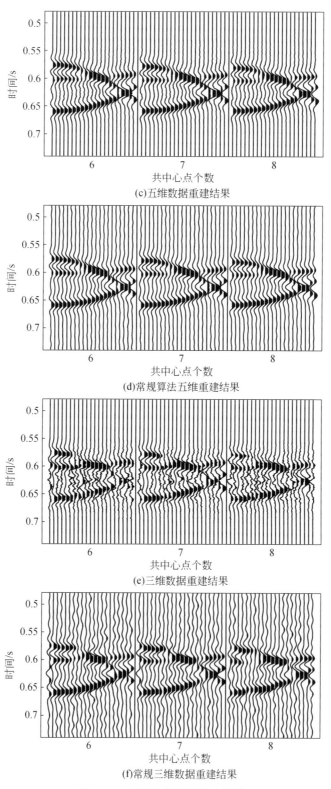

(c)五维数据重建结果

(d)常规算法五维重建结果

(e)三维数据重建结果

(f)常规三维数据重建结果

图 3.20　五维地震数据重建过程

因为地震数据含有噪声，所以需要检验本章五维地震数据重建方法的抗噪能力，在图 3.20（a）模型中加入高斯随机噪声，如图 3.21（a）所示，并且进行相同的 20% 随机欠采样 [图 3.21（b）]，图 3.21（c）为本章算法五维含噪数据重建结果，重建后信噪比为 6.48dB，图 3.21（d）为使用常规五维重建算法所得到的重建结果，信噪比为 6.32dB，从中可知两种算法的重建效果差别不大，但本章方法每次迭代不需要对时间方向进行正反变换，只需进行空间四维傅里叶正反变换，因而运算时间快，所占内存小，在叠加次数为 40，采用指数规律衰减的阈值参数时，基于 MATLAB 程序平台下的运行时间为 20min15s，而常规算法运算时间为 28min22s，因此本章算法更具有工业应用价值。图 3.21（e）和图 3.21（f）为本章方法三维含噪数据重建结果和常规算法重建结果，信噪比分别为 3.31dB 和 3.11dB，对比可以看出，三维重建算法在采样率非常低的情况下重建效果较差，而五维数据重建由于多利用了二维数据的空间信息，可以从多方向对缺失道进行重建，因此在抗噪方面重建效果更好。

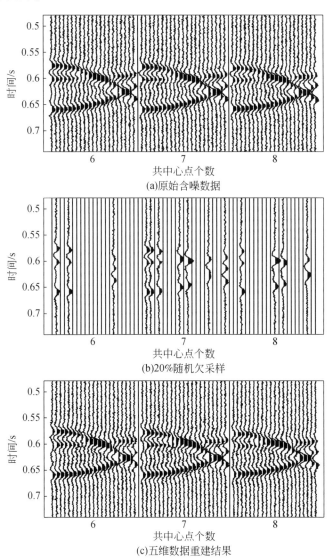

(a)原始含噪数据

(b)20%随机欠采样

(c)五维数据重建结果

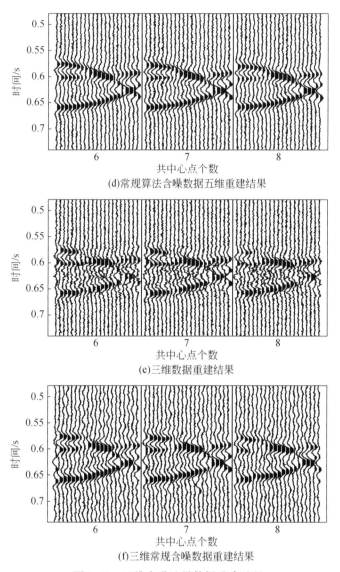

(d)常规算法含噪数据五维重建结果

(e)三维数据重建结果

(f)三维常规含噪数据重建结果

图 3.21　五维含噪地震数据重建过程

3.5　应用实例分析

3.5.1　二维地震资料处理

　　图 3.22（a）为某野外实际二维地震资料，该数据道距 25m，采样率 4ms，180 道接收，由于时间采样长度为 6s，为了节省处理时间，截取了中间 2.8s 进行处理。图 3.22（b）为对理想采样记录进行 50% 一维随机欠采样，然后采用 POCS 算法进行重建，重建结果如图

3.22（c）所示，信噪比为 4.78dB，图 3.22（d）为其重建误差剖面图，可以看出缺失道地震数据得到了较好的恢复，但是重建后误差较大，局部细节没有得到较好的恢复，说明二维数据重建由于只利用一维空间方向的信息，重建能力有限，并且由于傅里叶变换是全局变换，对于非线性同相轴不能有效地恢复。为了进一步了解重建的细节信息，图 3.23 分别展示了原始地震数据、50%一维随机欠采样数据和重建后地震记录振幅谱及其局部放大，从中也可以看出，有效波能量没有得到较好的归位集中，导致局部有效波信号能量较弱、不连续。

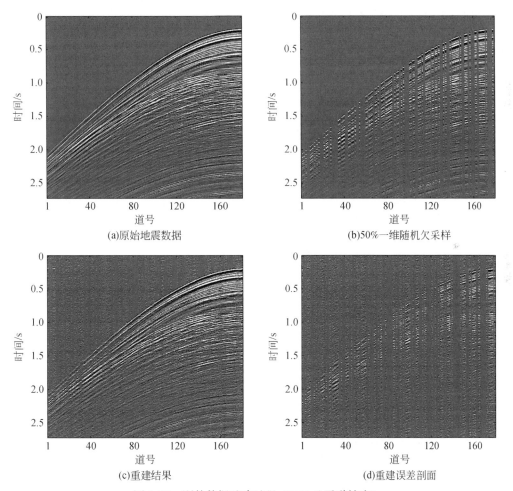

(a)原始地震数据　　　　　　　　　　　　(b)50%一维随机欠采样

(c)重建结果　　　　　　　　　　　　　(d)重建误差剖面

图 3.22　野外数据重建过程（50%地震道缺失）

3.5.2　三维地震数据体处理

　　某海上二维原始地震资料道距 25m，采样率 4ms，180 道接收，检波点和炮点每次都向前移动一个道距，按照检波器、炮点以及时间方向进行排列成三维数据体，为了减少运算时间，截取了中间 180 道×180 炮以及采样长度为 2s 的数据进行处理。图 3.24（a）和

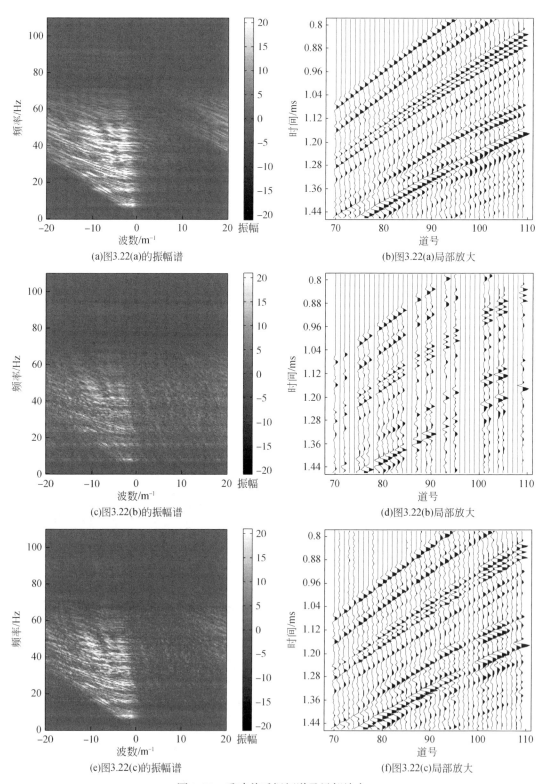

(a)图3.22(a)的振幅谱　　　　　　　(b)图3.22(a)局部放大

(c)图3.22(b)的振幅谱　　　　　　　(d)图3.22(b)局部放大

(e)图3.22(c)的振幅谱　　　　　　　(f)图3.22(c)局部放大

图3.23　重建前后振幅谱及局部放大

图 3.24（b）为对原始地震记录进行 50% 二维随机欠采样和二维 Jitter 欠采样的结果，其中时间切片为 1s，共炮点距离为 2500m，共检波点距离为 2000m。然后采用本章提出的方法进行数据重建，图 3.24（c）为随机欠采样重建结果，重建后 SNR = 6.45dB，图 3.24（d）为二维 Jitter 欠采样重建结果，重建后 SNR = 7.43dB，从中可以看出，Jitter 欠采样重建效果较好，重建后同相轴与原始地震记录非常接近，能够满足后续处理的要求，图 3.24（e）、（f）为不同采样方式数据重建结果误差剖面，可以看出局部误差仍然较大，满足不了实际需求。为了进一步从频率域显示不同采样方式下的重建结果，特意将图 3.24 各剖面中某一时间切片进行频谱分析，如图 3.25 所示，同时为了进一步显示重构后的局部特征，特意将重建后的地震剖面局部放大，如图 3.26 所示，从中也可以看出，二维 Jitter 欠采

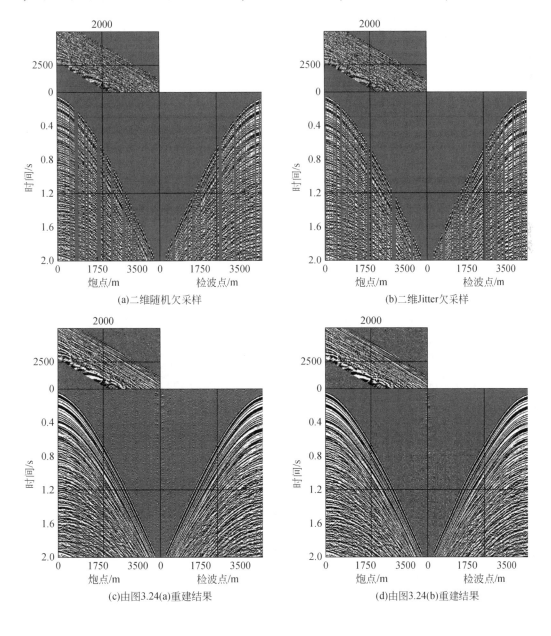

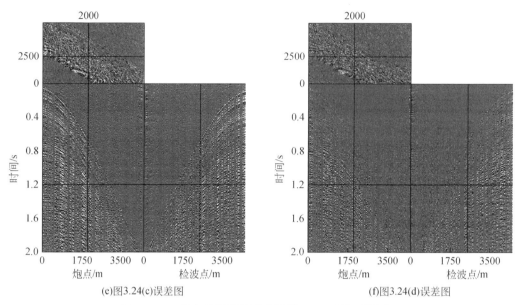

(e)图3.24(c)误差图　　　　　　　　　　　　(f)图3.24(d)误差图

图 3.24　二维欠采样及其重建结果（50%地震道缺失）

样由于能够控制最大采样间距，重建误差进一步减小，且误差分布均匀，重建后的振幅谱也与原始振幅谱最为接近。但由于傅里叶变换是全局变换，在重建过程中不可避免会引入一些"噪声"，重构后的地震剖面误差较大，这也是傅里叶变换方法的不足，必须通过后续的滤波方法进行去除，重建后的地震记录更接近原始地震记录，从其他方面来讲，也需要发展更好的数据重建方法，以减少重建误差，提高重建精度。

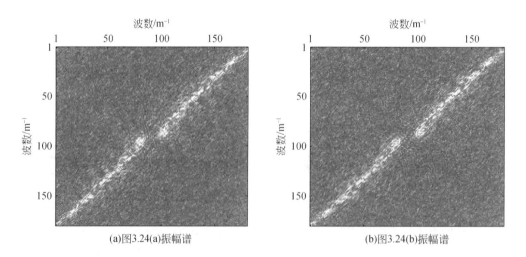

(a)图3.24(a)振幅谱　　　　　　　　　　　　(b)图3.24(b)振幅谱

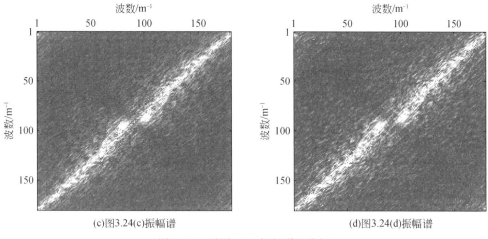

(c)图3.24(c)振幅谱   (d)图3.24(d)振幅谱

图 3.25 对图 3.24 振幅谱的分析

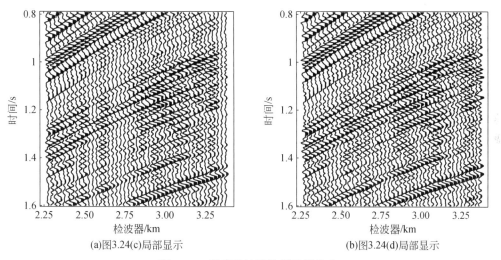

(a)图3.24(c)局部显示   (b)图3.24(d)局部显示

图 3.26 重建后地震数据局部放大

第4章 基于曲波变换的地震数据重建

将压缩采样理论应用到地震勘探领域的前提条件为地震信号是稀疏的，然而野外所采集到的地震信号都不满足该条件，但可以寻找一系列数学变换将其稀疏化，为此在第3章采用了傅里叶变换将地震信号进行稀疏，取得了较好的效果，但是由于傅里叶变换是一种全局变换，不能对信号进行局部化分析，只适合同相轴近似线性或者平稳变化的地震信号，然而在复杂地区勘探中，地震数据波前变化特征较大，因此传统傅里叶变换就具有一定的局限性，而后提出的小波变换虽然能够进行时频局部化分析，但不同的小波基会导致重建效果也不一样，并且也不能够反映地震波场各向异性变化特征，在此基础上，Candès等（2006）提出了曲波变换，能够有效地表示地震数据波前的尺度性和方向性，更加稀疏表示出地震信号的曲线状奇异特征，因此本章主要采用曲波变换进行数据重建。

4.1 曲波变换理论

在第一代曲波的基础上，Candès等（2006）提出了第二代曲波（Curvelet）变换。由于第一代曲波变换在子带分解时采用二进Wavelet变换（也称冗余Wavelet变换），会导致数据冗余，因此第一代曲波变换会产生相当大的数据冗余。第二代Curvelet变换（fast Curvelet transform）免去了第一代Curvelet变换平滑分块、子带分解、正则化和Ridgelet分析等一系列步骤，解决了大量数据冗余问题，从而使Curvelet变换更容易理解，运算效率更好、实现更简单。

4.1.1 连续Curvelet变换

1. 频率窗 U_j

设在二维空间 R^2 中，x 为空间位置参量，ω 为频率域参量，r、θ 为频率域下的极坐标。若存在平滑、非负、实值的"半径窗" $W(r)$ 和"角窗" $V(t)$，且满足容许性条件：

$$\sum_{j=-\infty}^{\infty} W^2(2^j r) = 1, \quad r \in \left(\frac{3}{4}, \frac{3}{2}\right); \quad \sum_{l=-\infty}^{\infty} V^2(t-l) = 1, \quad t \in \left(-\frac{1}{2}, \frac{1}{2}\right) \quad (4.1)$$

对所有尺度 $j \geq j_0$，定义傅里叶频域的"频率窗" U_j 为

$$U_j(r, \theta) = 2^{-\frac{3}{4}j} W(2^{-j} r) V\left(\frac{2^{\left[\frac{1}{2}j\right]} \theta}{2\pi}\right) \quad (4.2)$$

式中，$\left[\frac{1}{2}j\right]$ 为 $\frac{1}{2}j$ 的整数部分。

2. 频谱域系数 $\varphi_{j,l,k}(x)$

引入相同间隔的旋转角序列 $\theta_l = 2\pi \times 2^{-j/2} \times l$，$l = 0$，$1$，$\cdots$，$0 \leqslant \theta_l < 2\pi$ 和位移参数系列 $k = (k_1, k_2) \in \mathbf{Z}^2$。

令母曲波（mother curvelet）为 $\varphi_j(x)$，其 Fourier 变换 $\varphi_j(\omega) = U_j(\omega)$，则在尺度 2^{-j} 上的所有频率域角度楔形都可由 φ_j 进行旋转和平移得到。定义尺度为 2^{-j}、方向角为 θ_j，位置为 $\theta_j x_k^{(j,l)} = R_{\theta_l}^{-1}(k_1 \times 2^{-j}, k_2 \times 2^{-j/2})$ 的角度楔形为

$$\varphi_{j,\,l,\,k}(x) = \varphi_j\big[R_{\theta_l}(x - x_k^{(j,\,l)})\big] \tag{4.3}$$

式中，R_θ 为以 θ_j 为弧度的旋转。

3. Curvelet 变换系数 $c(j, l, k)$

根据 U_j、$\varphi_{j,l,k}(x)$ 的定义可以得出 Curvelet 变换的定义为

$$c(j,\,l,\,k) = \langle f, \varphi_{j,\,l,\,k} \rangle = \int_{R^2} f(x) \,\overline{\varphi_{j,\,l,\,k}(x)}\,\mathrm{d}x \tag{4.4}$$

其频率域定义式为

$$c(j,\,l,\,k) = \frac{1}{(2\pi)^2}\int \hat{f}(\omega)\,\overline{\hat{\varphi}_{j,\,l,\,k}(\omega)}\,\mathrm{d}\omega = \frac{1}{(2\pi)^2}\int \hat{f}(\omega)\, U_j(R_{\theta_l}\omega)\,\mathrm{e}^{i\langle x_k^{(j,\,l)},\,\omega\rangle}\,\mathrm{d}\omega \tag{4.5}$$

Curvelet 变换也有粗尺度和精细尺度之分。引入低通窗函数 W_0 满足条件：

$$\mid W_0(r)\mid^2 + \sum_{j\geqslant 0}\mid W(2^{-j}r)\mid^2 = 1 \tag{4.6}$$

对于 k_1，$k_2 \in \mathbf{Z}$，定义粗尺度下的 Curvelet 变换为

$$\varphi_{j_0,\,k}(x) = \varphi_{j_0}(x - 2^{-j_0}k) \tag{4.7}$$

对应频率域形式为

$$\hat{\varphi}_{j_0}(\omega) = 2^{-j_0} W_0(2^{-j_0}\mid\omega\mid) \tag{4.8}$$

可见，粗尺度下的 Curvelet 系数不具有方向性。因此整个 Curvelet 变换是由精细尺度下的方向性元素 $(\varphi_{j,l,k})_{j\geqslant j_0,l,k}$ 和粗尺度下各向同性的小波 $(\varphi_{j_0,k})_k$ 组成的。

4.1.2　离散 Curvelet 变换

1. 离散 Curvelet 变换的频率窗

在连续 Curvelet 变换中定义了频率窗函数 W_j，它将频率域光滑地分成不同角度的环形子块，但是这种分割不适合二维笛卡儿坐标系。因此在离散 Curvelet 变换中采用同中心的正方形区域 $\tilde{U}_j$ 来代替，如图 4.1 所示。

定义笛卡儿坐标系下的局部频率窗 $\tilde{U}_j$ 为

$$\tilde{U}_j(\omega) := \tilde{W}_j(\omega)\tilde{V}_j(\omega) \tag{4.9}$$

式中，

$$\begin{cases} \tilde{W}_j(\omega) = \sqrt{\varphi_{j+1}^2(\omega) - \varphi_j^2(\omega)} \\ \tilde{V}_j(\omega) = \tilde{V}\!\left(\dfrac{2^{[j/2]}\omega_2}{\omega_1}\right), \quad j \geqslant 0 \end{cases} \tag{4.10}$$

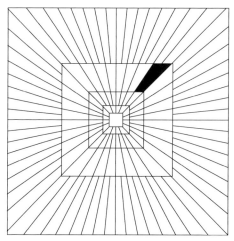

图 4.1　离散 Curvelet 变换频率域尺度、方向分割图（Candès *et al.*，2006）

φ 定义为一维低通窗口内积，$\varphi_j(\omega_1,\omega_2)=\varphi(2^{-j}\omega_1)\varphi(2^{-j}\omega_2)$。

2. 离散 Curvelet 变换

若 $0\leqslant t_1\leqslant t_2<n$，则离散 Curvelet 变换可写为

$$c^D(j,l,k)=\sum_{0\leqslant t_1\leqslant t_2<n}f[t_1,t_2]\,\overline{\varphi^D_{j,l,k}[t_1,t_2]} \tag{4.11}$$

式中，$\varphi^D_{j,l,k}$ 为一个离散的 Curvelet 函数。

引入一组相同斜率 $\tan\theta_l=l\cdot 2^{-[j/2]}$，$l=-2^{[j/2]},\cdots,2^{[j/2]}-1$，并定义：

$$\tilde{U}_{j,l}(\omega):\ =\tilde{W}_j(\omega)\tilde{V}_j(S_{\theta_l}\omega) \tag{4.12}$$

式中，S_θ 为剪切矩阵 $S_\theta=\begin{bmatrix}1 & 0\\ -\tan\theta_l & 1\end{bmatrix}$。

角度 θ_l 不是均匀分布的，但它的斜率是均匀分布的。则离散 Curvelet 为

$$\tilde{\varphi}_{j,l,k}(x)=2^{3j/4}\tilde{\varphi}_j(S^{\mathrm{T}}_{\theta_l}(x-S^{-\mathrm{T}}_{\theta_l}b)) \tag{4.13}$$

式中，b 取离散值 $(k_1\times 2^{-j},k_2\times 2^{-j/2})$。

离散 Curvelet 变换为

$$c^D(i,j,k)=\int\hat{f}(\omega)\tilde{U}_j(S^{-1}_{\theta_l}\omega)\,\mathrm{e}^{i\langle S^{\mathrm{T}}_{\bar{\theta}_l}b,\,\omega\rangle}\,\mathrm{d}\omega \tag{4.14}$$

为了使用快速傅里叶算法，同时避免标准矩形的剪切块 $S^{-\mathrm{T}}_{\theta_l}(k_1\times 2^{-j},k_2\times 2^{-j/2})$ 产生的影响，将式（4.14）重新写为

$$c^D(i,j,k)=\int\hat{f}(S_{\theta_l}\omega)\tilde{U}_j(\omega)\,\mathrm{e}^{i\langle b,\,\omega\rangle}\,\mathrm{d}\omega \tag{4.15}$$

3. 第二代离散 Curvelet 变换的算法实现

Wrap 算法是围绕原点（wrap）的算法，它是基于原点的曲波（wrap_based Curvelet）的核心思想。对任一区域，Wrap 算法通过周期化技术将目标函数映射到原点的仿射区域中，而这种映射是一一对应的，如图 4.2 所示。

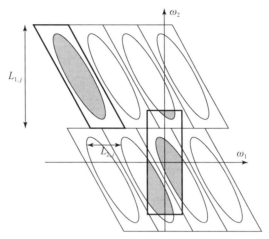

图 4.2　围绕原点（wrap）周期化示意图（Candès *et al.*，2006）

将图 4.2 左上角的椭圆在中心位置重新进行装配，得到相应的映射后变为方形区域，此时才可以用二维数组表示，才能对斜四边形进行二维逆傅里叶变换。

具体 Wrap 算法体系如下：

（1）对 $f\left[t_1, t_2\right] \in L^2\left(R\right)$ 经过 2D-FFT 得到 $\hat{f}\left[n_1, n_2\right]$，$-\dfrac{n}{2} \leqslant n_1, n_2 < \dfrac{n}{2}$；

（2）对每个尺度、方向的参数组，用频率窗 $\tilde{U}_{j,l}\left[n_1, n_2\right]$ 乘以 $\hat{f}\left[n_1, n_2\right]$，实现局部化；

（3）围绕原点 Wrap 局部化 $\hat{f}_{j,l}\left[n_1, n_2\right] = W\left(\tilde{U}_{j,l}\hat{f}\right)\left[n_1, n_2\right]$，$0 \leqslant n_1 < L_{1,j}$，$0 \leqslant n_2 < L_{2,j}$，$\theta \in \left(-\dfrac{\pi}{4}, \dfrac{\pi}{4}\right)$；

（4）对局部化的 $\hat{f}_{j,l}\left[n_1, n_2\right]$ 作 2D-IFFT，得到离散的 Curvelet 系数 $c^D\left(j, l, k\right)$。

4.2　曲波变换的稀疏度

为了对比说明曲波变换的稀疏度，选择某一原始地震单炮记录，如图 4.3（a）所示，对三种不同的数学变换方法，都取 5% 个最大系数进行重建，重建后的结果如图 4.3（b）~（d）所示，图 4.4 对应于图 4.3 的振幅谱，可以看到，二维傅里叶变换的重建结果存在非常严重的干扰现象，出现许多假象，反映不出原始信号的细节部分，SNR = 4.13dB，图 4.3（c）为二维小波变换重建后的结果，虽然没有出现太多的干扰，但是重建后对地震波前的细节部分还是不能有效地恢复，重建后 SNR = 4.14dB，效果也不是特别理想。而采用曲波变换重建后，如图 4.3（d）所示，重建后的地震波前特征得到了有效保存，并且细节部分并没有丢失，也没有产生太多的干扰，重建后 SNR = 9.52dB。图 4.5 为保留不同的重构系数时，三种数学变换重构后的信噪比。可以看出，由于曲波变换的稀疏度比小波变换和傅里叶变换更高，更能够表征信号的局部特征，重构后信噪比最高，从而使曲波变换在众多领域得到了广泛应用，为此，本章在压缩采样理论框架下，拟采用曲波变换作为稀疏基，探讨其在地震数据重建中的应用效果。

同时，正如绪论和第2章所述，压缩采样理论中的关键问题之一是选择合理的采样方式。本章在利用曲波变换进行地震数据重建下，也考虑到采样方式的不同，其重建效果也不一样。目前的纯随机采样方法，不能调节炮点距和检波距的大小，从而导致相邻地震道之间的采样间隔过大，而采样间隔太大，对数据重建具有一定的影响，造成重要区域中部分地震信息丢失，反之也会在某些不重要区域内采样间隔过密，造成不必要的成本浪费。为此在基于压缩采样理论的曲波变换重建技术中，也引入了一维和二维Jitter采样方式，获得理想的重建效果。

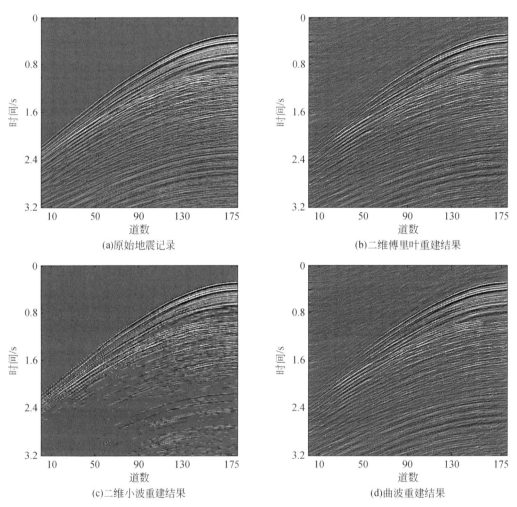

图4.3　不同方法5%最大系数重建效果对比

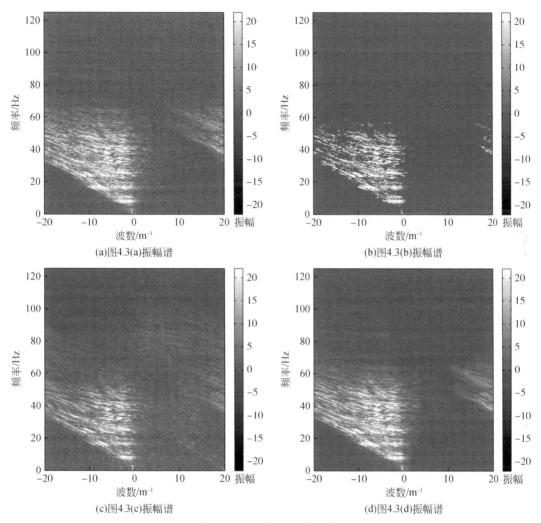

(a)图4.3(a)振幅谱　　　　　　　　(b)图4.3(b)振幅谱

(c)图4.3(c)振幅谱　　　　　　　　(d)图4.3(d)振幅谱

图 4.4　对应于图 4.3 的振幅谱

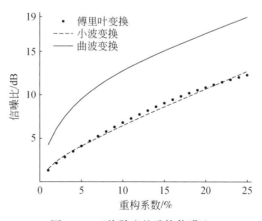

图 4.5　三种稀疏基重构信噪比

4.3　曲波变换重建原理

在压缩采样理论框架下，根据第 2 章讨论可知，数据重建过程可以看作一个反演求解过程：

$$y\,|_{M\times1} = \boldsymbol{\Phi}\,|_{M\times N}f\,|_{N\times1} = \boldsymbol{\Phi}\,|_{M\times N}\boldsymbol{\psi}^{-1}\,|_{N\times N}a\,|_{N\times1} = \boldsymbol{\Theta}\,|_{M\times N}a\,|_{N\times1} \qquad (4.16)$$

根据式（4.16）可知，该方程为一个欠定的大型稀疏方程，尽管该方程写成一维向量的格式，但是同样适用于高维地震信号，写成一般的形式可得

$$y = \boldsymbol{\Theta}a \qquad (4.17)$$

式中，$\boldsymbol{\Theta} = \boldsymbol{\Phi}\boldsymbol{\psi}^{-1}$；$\boldsymbol{\psi}$ 表示稀疏变换；a 为信号模型 f 在稀疏变换域中的系数；$\boldsymbol{\Phi}$ 代表随机采样方式，可以是一维也可以是高维采样方式，在高斯随机欠采样情况下，式（4.17）可以改写为

$$\boldsymbol{\Theta}^{\mathrm{H}}y = \boldsymbol{\Theta}^{\mathrm{H}}\boldsymbol{\Theta}a \approx \gamma a + \varepsilon \qquad (4.18)$$

也就是说采用随机欠采样后，频率泄漏近似于高斯噪声 ε，地震数据的重建便转化为简单的去噪问题，矩阵 $\boldsymbol{\Theta}^{\mathrm{H}}\boldsymbol{\Theta}$ 的非对角元素值相对于对角元素值的比值越小，则该式的近似程度越高。因此，与感知矩阵 $\boldsymbol{\Theta}$ 相关的采样方式 $\boldsymbol{\Phi}$ 直接影响非对角元素值，从而也决定着重建效果，由于本章拟采用离散曲波变换作为重建信号的稀疏基，因此 $\boldsymbol{\psi} = \boldsymbol{C}$，$\boldsymbol{C}$ 就定义为离散曲波正变换，于是式（4.17）转化为

$$y = \boldsymbol{\Phi}\boldsymbol{C}^{-1}a \qquad (4.19)$$

由分析可知，大量曲波系数 a 的值都接近零或者较小，只有少量的非零值或者较大值，稀疏度较傅里叶变换高，满足压缩采样理论的前提条件，从而在随机欠采样下，采用高效率算法进行重建出原始信号成为可能。当然，由于求解的方程是大型欠定稀疏方程，数据能够被稀疏只是一个必要条件，而不是充要条件，因此还需要附加一些约束条件使该欠定方程规则化，如一致性限制条件，权重因子约束，要求已知数据在恢复前后的误差最小等。而 POCS 算法正是通过不断寻找最优稀疏系数，从而不断进行优化来求解式（4.19）的目的，即

$$\begin{cases} \tilde{a} = \arg\min_{a}\|a\|_1 & \text{s.t.} \quad y = \boldsymbol{\Phi}\boldsymbol{C}^{-1}a \\ \tilde{f} = \boldsymbol{C}^{-1}\tilde{a} \end{cases} \qquad (4.20)$$

和第 3 章相似，本章也采用凸集投影算法进行求解，并且与阈值迭代算法进行比较，尽管 POCS 算法研究相对较多，但是与曲波变换相结合，并提出新指数阈值参数的相关研究相对较少，为此，本章首次提出基于曲波变换和凸集投影算法的三维地震数据重建，在实现过程中做了一些创新工作。

4.4　阈值参数选择

根据压缩采样理论可知，随机欠采样将数据重建问题转化为简单的去噪问题，因此基于曲波变换的 POCS 算法重点也在于阈值参数 λ_i 的选取，不同的阈值参数会获得不同的重

建效果，而合适的阈值参数在满足相同的精度要求下，可以减少迭代次数并节省计算成本，更加适合海量地震数据的处理要求。为此，本章在第 3 章傅里叶变换的基础上，结合曲波变换，也选用线性阈值参数公式：

$$\lambda_i = \mathrm{Max} - \frac{(\mathrm{Max} - \varepsilon)}{N - 1}(i - 1) \tag{4.21}$$

指数阈值参数公式为

$$\lambda_i = \mathrm{Max} \cdot e^{\frac{(i-1)[\ln\varepsilon - \ln(\mathrm{Max})]}{N-1}} \tag{4.22}$$

以及按 $e^{-\sqrt{x}}$（$0 \leqslant x \leqslant 1$）规律衰减的新指数阈值参数公式为

$$\lambda_i = \mathrm{Max} \cdot e^{\frac{(i-1)[\ln\varepsilon - \ln(\mathrm{Max})]}{N-1}} \tag{4.23}$$

这几种阈值的详细叙述请见 3.1 节部分，同时也可以采用其他阈值参数公式进行重建，具体可参考相关文献（王本锋等，2015a，2015b）。

4.5　二维数值模拟算例

4.5.1　不同阈值参数重建

图 4.6（a）为采用 40Hz 雷克子波合成的 256 道二维地震记录，道距为 4m，每道 1024 个采样点，采样间隔为 1ms，数据合成时每一层反射波能量有所差异。图 4.6（b）为对理论模型 50% 随机欠采样后的地震剖面图。图 4.6（c）和图 4.6（d）分别为图 4.6（a）和图 4.6（b）的振幅谱，从中可以看出由于采用了随机欠采样，从而将由规则欠采样所引起的规则干扰转为不相干的随机噪声，然后再采用合适的重建方法进行有效波信号提取，恢复缺失地震道信息。为此，本章拟通过复值曲波变换和 POCS 算法进行重建，采用硬阈值算子进行处理，以便恢复出缺失的地震道，其中曲波变换的尺度数为 6，在第二最粗尺度上的角度数为 16。图 4.7 为采用线性阈值和指数阈值参数重建结果及其振幅谱，重

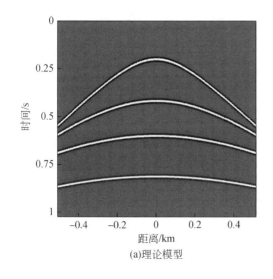

(a)理论模型

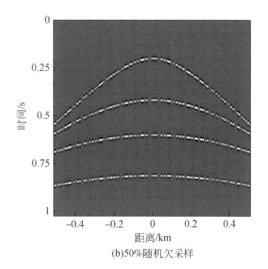

(b)50%随机欠采样

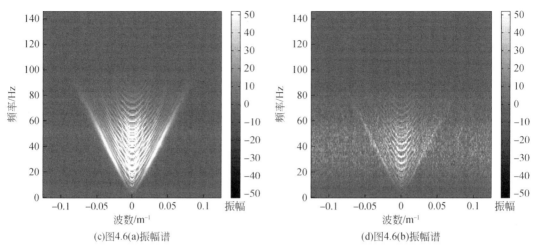

(c)图4.6(a)振幅谱   (d)图4.6(b)振幅谱

图 4.6 原始数据采样及振幅谱图

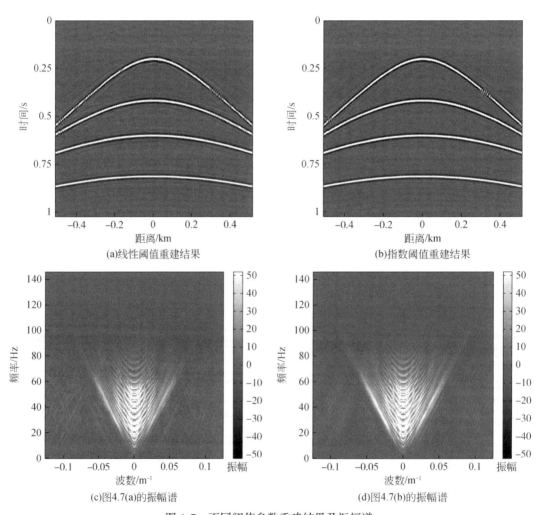

(a)线性阈值重建结果   (b)指数阈值重建结果

(c)图4.7(a)的振幅谱   (d)图4.7(b)的振幅谱

图 4.7 不同阈值参数重建结果及振幅谱

建后的信噪比分别为 12.07dB 和 14.29dB。图 4.8 为本章所提出的阈值参数重建结果及其振幅谱，重建后信噪比为 14.94dB，其中迭代次数都为 30 次，从以上结果可以看出，三种阈值参数重建效果都较好，但是相比之下，本章所提出的指数平方根阈值参数重建误差较小，而且计算效率也更快。同时注意到，由于随机欠采样完全随机，对于地震道连续缺失且同相轴曲率较大的有效波信号则恢复效果不好，因此需要发展高维地震数据重建方法，从另外一个空间方向对缺失道进行重建。

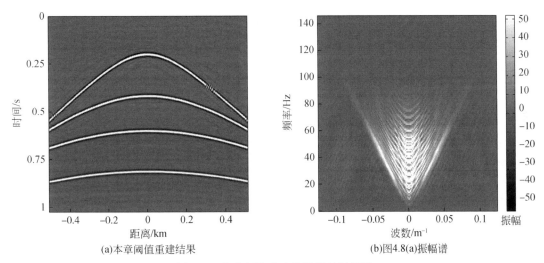

(a)本章阈值重建结果　　　　　　　　　(b)图4.8(a)振幅谱

图 4.8　本章阈值重建将结果及振幅谱

为了更详细地了解三种阈值参数重建效果及其运算时间大小的关系，对理论模型进行 50% 随机欠采样后的数据进行重建。图 4.9（a）表示最大迭代次数为 50 次时，不同迭代次数与不同阈值参数重建后信噪比关系曲线图，可以看出每次迭代过程中本章提出的阈值参数重建后信噪比最高，其次是指数阈值参数，最后才是线性阈值参数。同时将最大迭代次数在 5~100 次变化，计算出每次最大迭代次数与重建后信噪比关系曲线图，如图 4.9（b）所示，而且也可以看出，要想获得信噪比为 14dB 的重建结果，线性阈值需迭代 93 次左右，指数阈值需迭代 29 次左右，而本章提出的阈值参数只需迭代 18 次左右，可以节省一定的计算时间。为了再次说明选用本章所提出的指数阈值参数优势。表 4.1 为选用最大迭代次数分别为 25、50、75、100、125、150，取得相同信噪比（SNR=11dB）时所对应的迭代次数表，可见每次都是本章提出的新指数阈值参数迭代次数最少，计算效率高。总体而言三种阈值参数重建后的信噪比都随迭代次数的增大而增加，但在相同的精度下，迭代次数太多会浪费计算时间，从这方面来讲，本章提取的阈值参数公式具有较大优势。而对于指数阈值和本章提出的新指数阈值参数，从图 4.9（b）可以看出，当迭代次数大于 30 次后，信噪比增加量随迭代次数增加相对较少，并且当迭代次数超过 60 次时，信噪比几乎不会再增加了，因此从节省计算时间角度来看，并不是迭代次数越多越好，为此，本章后续处理采用 30 次迭代。

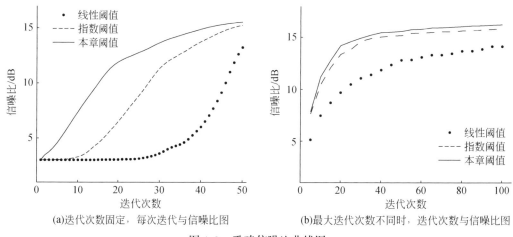

(a)迭代次数固定，每次迭代与信噪比图　　　　　(b)最大迭代次数不同时，迭代次数与信噪比图

图 4.9　重建信噪比曲线图

表 4.1　相同信噪比下三种阈值参数迭代次数比较（SNR=11dB）

最大迭代次数	25	50	75	100	125	150
线性阈值	25	49	73	97	121	145
指数阈值	19	38	50	66	81	95
本章阈值	13	29	32	42	51	59

4.5.2　不同 ε 值重建

在阈值参数公式中，ε 的大小也直接影响到重建结果，一般取稀疏变换域能量的平均值，但也只是一个经验公式，对于图 4.8 和图 4.9，ε 值为 0.005，为了对比，本章将 ε 值取 0.01 和 0.001 进行对比，采用本章提出的新指数阈值进行处理，处理结果如图 4.10 所

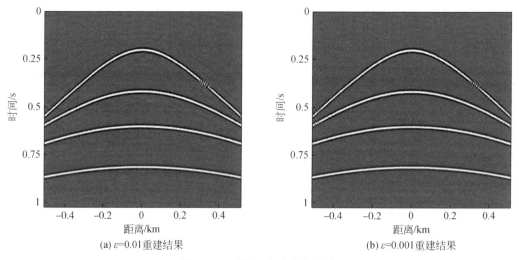

(a) ε=0.01重建结果　　　　　　　　(b) ε=0.001重建结果

图 4.10　不同 ε 值重建结果图

示，信噪比分别为14.34dB和14.45dB，其信噪比都小于ε值取0.005所得到的结果，因此，ε值的选取也至关重要。特别在实际资料处理中，ε值得选择直接影响到数据重建的效果。

4.5.3　含噪地震数据重建

由于原始地震数据在一定程度上都含有噪声，所以需要检验在本章提出的阈值参数下基于曲波变换和POCS重建算法的抗噪能力。为此，在理论模型［图4.6（a）］中加入一定比例的随机噪声，如图4.11（a）所示，然后进行抗噪模拟实验，图4.11（b）为50%一维随机欠采样示意图，图4.11（c）为在随机欠采样下采用本章方法的重建结果，重建后的信噪比为6.13dB，图4.11（d）为重建前后的误差图。通过重建前后对比以及与第3章基于傅里叶变换方法的重建效果对比可知，含噪缺失地震道的全部信息都得到了较好的恢复，且重建前后的有效信息几乎没有损失，表明信号恢复效果较好，从而也得出基于本

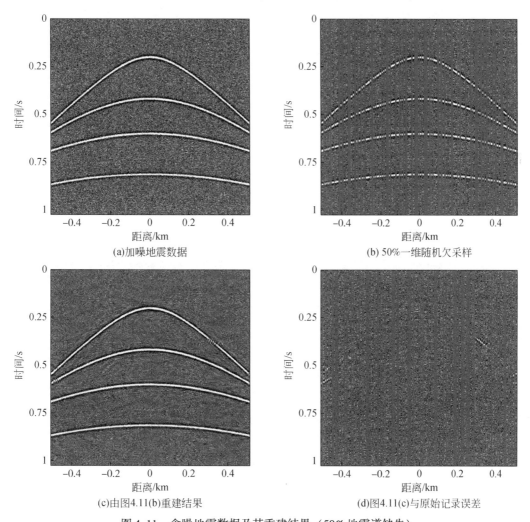

(a)加噪地震数据

(b) 50%一维随机欠采样

(c)由图4.11(b)重建结果

(d)图4.11(c)与原始记录误差

图4.11　含噪地震数据及其重建结果（50%地震道缺失）

章所提出的 POCS 算法和新的指数阈值参数在地震数据重建中，具有良好的抗噪能力，完全能够处理实际资料。

4.5.4　不同重建算法对比

为了体现出本章基于曲波变换的 POCS 算法优劣，特意采用阈值迭代法进行处理对比，首先对 50% 随机欠采样数据 ［图 4.6（b）］ 分别采用线性阈值、指数阈值和本章提出的新指数阈值进行重建，图 4.12（a）和图 4.12（b）分别为线性阈值和指数阈值重建结果，重建后的信噪比分别为 11.92dB 和 14.05dB，其中迭代次数都统一为 30 次，曲波变换的尺度数为 6，在第二个最粗尺度上的角度数为 16，图 4.12（c）和图 4.12（d）分别为其振幅谱。从以上结果可以看出，线性阈值和指数阈值参数也都可以将缺失道信息有效地恢复出来，并且频谱能量与原始数据非常接近，能量损失较少。但是从计算时间和重建

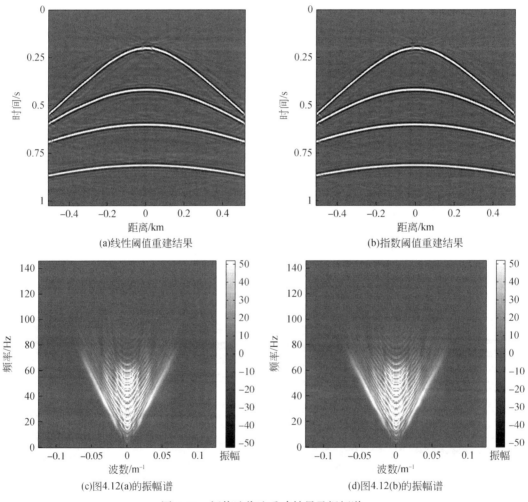

(a)线性阈值重建结果　　　　　　　　(b)指数阈值重建结果

(c)图4.12(a)的振幅谱　　　　　　　　(d)图4.12(b)的振幅谱

图 4.12　阈值迭代法重建结果及振幅谱

的精度来看，指数阈值参数计算效率高，并且重建后的精度高于线性阈值2dB 左右。在此基础上，也采用新的指数阈值进行处理，图 4.13 为本章所提出的新指数阈值参数重建结果，重建后信噪比为 14.79dB，从而也可以得出之前 POCS 算法类似的结论。但是与 POCS 算法比较可知，无论是哪种阈值参数进行重建，POCS 算法重建精度相对更高，或许与重建过程中的参数选取有一定的关系。

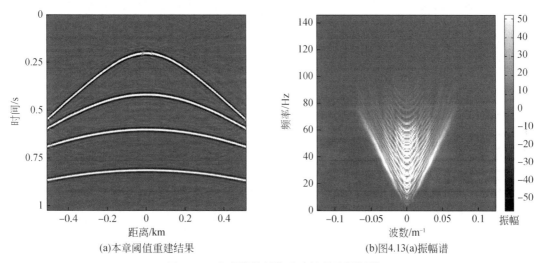

(a)本章阈值重建结果　　　　　　　　　　(b)图4.13(a)振幅谱

图 4.13　本章指数阈值重建结果及振幅谱

　　为了进一步比较 POCS 算法和阈值迭代法的重建精度和效率，同样采用三种阈值参数对图 4.6（b）进行重建，计算重建后的精度以及它们的计算效率。图 4.14（a）表示采用 50 次迭代时信噪比与迭代次数关系曲线图，它表示了每次迭代后三种阈值参数重建结果的信噪比（初始值为零），从图中可知本章所提出的新指数阈值参数在每次迭代过程中重建后的信噪比都高，而线性阈值参数则信噪比相对较低。然后再采用最大迭代次数 5～100 次分别进行重建，并且每次迭代次数都以 5 的倍数增加，进而计算这三种阈值参数分别重

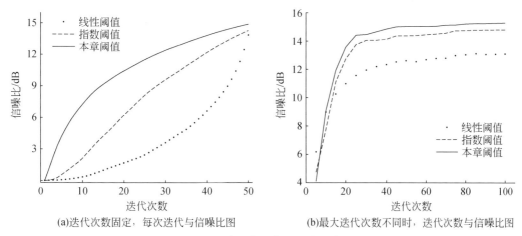

(a)迭代次数固定，每次迭代与信噪比图　　　　　　(b)最大迭代次数不同时，迭代次数与信噪比图

图 4.14　迭代次数与信噪比关系曲线图

建后的信噪比，图 4.14（b）为三种阈值参数每次最大迭代次数与信噪比关系曲线图，从中也可以看到，如果想要得到重建后信噪比为 13dB 的计算结果，线性阈值参数至少需要迭代 75 次，从而使计算速度慢，不能处理海量的地震数据。而本章提出的新阈值参数只需迭代 17 次左右，节省了一大半计算时间，对于处理海量的地震数据具有明显的优势。尽管如此，通过与图 4.9 的对比可知，每次迭代过程中阈值迭代法重建后的精度几乎都比 POCS 算法低，从理论上来讲，两种方法都属于迭代法，其最终的重建精度应该都相差不大，但根据以上的对比分析，本书在均匀网格下的不规则重建主要选择 POCS 算法进行重建处理。

4.6   三维数值模拟算例

4.6.1   不同阈值参数重建

采用三种不同阈值参数对三维理论模型某时间切片进行 50% 随机欠采样 [图 2.4（c）]，然后进行缺失道地震数据重建。图 4.15（a）为迭代次数 50 次时，迭代次数与不同阈值参数重建后信噪比关系曲线图，可以看出每次迭代过程中本章提出的阈值参数重建后信噪比最高，其次是指数阈值参数，最后才是线性阈值参数，同时将最大迭代次数在 5～100 次变化，计算出每次最大迭代次数与重建后信噪比关系曲线图，如图 4.15（b）所示，从中也可以看出不同最大迭代次数中，本章提出的阈值参数重建后信噪比最大，而且也可以看出，要想获得信噪比为 16dB 的重建结果，线性阈值需迭代 70 次左右，指数阈值需迭代 17 次左右，而本章提出的阈值参数只需迭代 12 次左右，可以节省一定的计算时间。总体而言三种阈值参数重建后的信噪比都随迭代次数的增大而增加，但迭代次数太多会浪费计算时间，需要进行折中考虑。而对于指数阈值和本章阈值参数，当迭代次数大于 30 次后，信噪比增加量随迭代次数增加相对较少，为此，本章基于曲波变换的理论三维地震数据体重建选用迭代次数为 30 次。

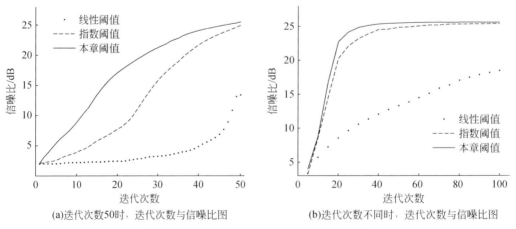

(a)迭代次数50时，迭代次数与信噪比图   (b)迭代次数不同时，迭代次数与信噪比图

图 4.15   阈值参数及其重建信噪比曲线图

为了更详细阐述基于曲波变换的地震数据重建方法，在数据模拟过程中，仍然采用二维非均匀速度模型模拟得出的模型数据，同时本章在地震数据重建过程中，曲波变换的尺度数为 6，在第二最粗尺度上的角度数为 8，而且为了提高重建效果，尽管原始数据是实数，但都采用复值曲波变换，即在频率波数域进行全方位处理，所得到的曲波系数用复数表示，实部和虚部都能表示信号的局部特征，而实值曲波变换的曲波系数为实数，会产生一定的时移，重建效果相对复值曲波较差，但复值曲波变换的计算时间是实值曲波变换的 2 倍。

4.6.2　不同稀疏基重建

首先来比较一维随机采样和二维随机采样下的重建效果，同样对图 3.12（b）所示的时间切片进行 50% 一维和二维随机欠采样，然后在 POCS 算法下，使用本章提出的新指数阈值参数，重建的结果如图 4.16 所示，一维随机欠采样重建后的信噪比为 18.45dB，二维随机欠采样重建后的信噪比为 24.85dB，比一维随机欠采样后的信噪比高出近 6dB。为了进一步对比一维和二维欠采样后的重建效果，保持随机采样率在 20%~80% 进行递增，然后再进行重建，记录重建后的信噪比与采样率之间的关系，如图 4.17（a）所示，从中可以看出采样率越低，重建后的效果越差，但是相对来讲，二维欠采样的重建效果比一维欠采样更好，因此需要采用高维的重建方法，以弥补低维重建方法的不足。同时为了突出曲波变换的优越性，将其与傅里叶变换也进行了比较，傅里叶变换重建时也采用 30 次迭代，如图 4.17（b）所示，可以看出，相同的采样率下，曲波基重建的效果远远优于傅里叶基，这也说明了曲波基更能够反映出地震波前的变化特征。

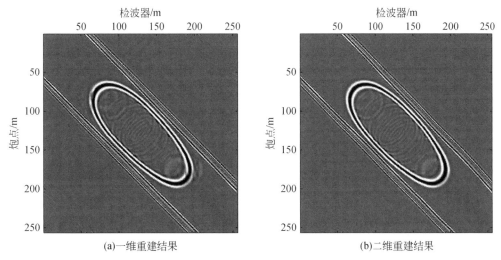

(a)一维重建结果　　　　　　　　　　　　　　(b)二维重建结果

图 4.16　随机欠采样重建结果

同时也对 50% 二维随机欠采样的时间切片，分别采用不同的迭代次数进行重建，图 4.18（a）为采用傅里叶基和曲波基重建后信噪比与迭代次数关系曲线图，从中可以知道在相同的迭代次数下，傅里叶基的重建效果没有曲波基好，而且随着迭代次数的增加，傅

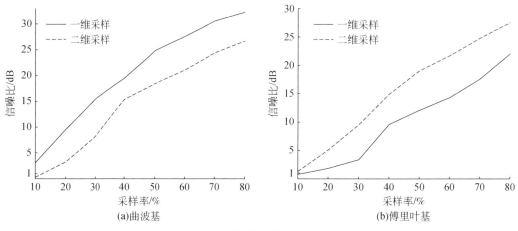

图 4.17　不同稀疏基重建后信噪比与采样率关系曲线

里叶变换最大的信噪比为 18.62dB，再增加迭代次数已经没有太大的意义，而这个信噪比的取得，曲波基只要迭代 16 次就可以。执行一次复值曲波变换所花的时间是傅里叶变换的 16 倍左右，因此为了对比两者的运算时间，分别画出了傅里叶基和曲波基重构后信噪比与计算时间图，如图 4.18（b）所示，傅里叶基最大的信噪比为 18.62dB，因此在信噪比 18～24dB 缺失数据，不过仍然可以看出采用曲波基重建时，尽管精度较高，但是计算效率相对较慢，这也是制约该方法工业化应用的主要原因。

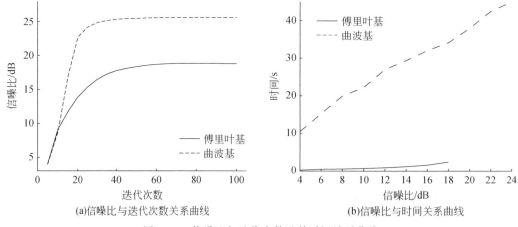

图 4.18　信噪比与迭代次数及其时间关系曲线

4.6.3　Jitter 采样方式重建

从 4.6.2 节的分析可以得出，曲波变换重建效果优于傅里叶变换，而二维随机欠采样重建效果优于一维随机欠采样。针对二维随机欠采样方式不能控制采样点间隔的缺点，这里仍然引入二维 Jitter 欠采样，为此，对三维数据体模型进行 50% 二维 Jitter 欠采样，欠采样结果如图 4.19 (a) 所示，其时间切片振幅谱如图 2.4 (f) 所示。图 4.19 (b) 为选用曲波变换对二维 Jitter 欠采样后的数据重建结果，重建后信噪比为 25.83dB，比随机欠采样重建信噪比多 1dB 左右。

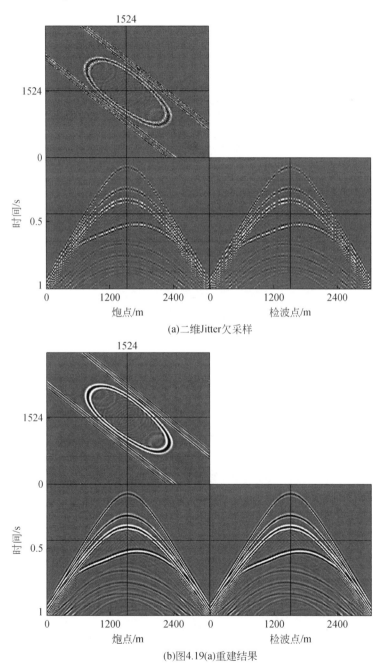

(a)二维Jitter欠采样

(b)图4.19(a)重建结果

图 4.19 二维 Jitter 欠采样及其重建结果 (50% 地震道缺失)

这说明二维 Jitter 欠采样由于控制了样点间距，重建效果更好。值得一提的是由于只采用 50% 欠采样，Jitter 欠采样与随机欠采样重建后的信噪比相差不是特别大。图 4.20 (a)

和图4.20（b）分别为不同欠采样方式重建后的地震记录与原始地震记录的误差剖面，从中可以看出 Jitter 欠采样由于控制了最大采样间隔，重建误差小，重建效果优于随机欠采样后的重建效果，图4.21（a）和4.21（b）分别为曲波变换对随机欠采样和 Jitter 欠采样重建后的时间切片振幅谱，从中也可以看出，重建后的振幅谱较为光滑，相比之下，图4.21（b）更接近于原始时间切片的振幅谱，因此可以得出，在二维 Jitter 欠采样下，基于曲波变换的三维地震数据重建效果最优。

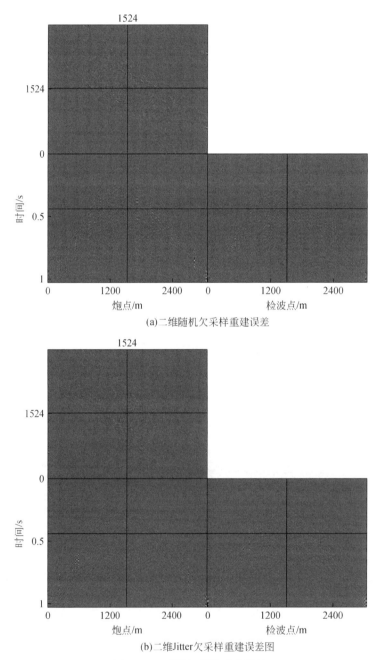

(a)二维随机欠采样重建误差

(b)二维Jitter欠采样重建误差图

图4.20　不同欠采样重建误差

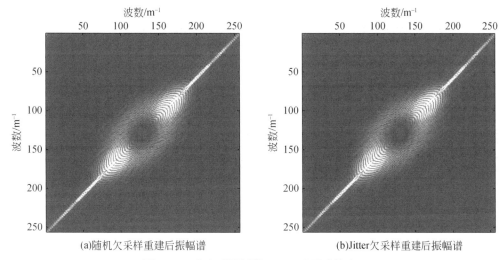

(a)随机欠采样重建后振幅谱　　　　　　(b)Jitter欠采样重建后振幅谱

图 4.21　重建后振幅谱（50% 地震道缺失）

　　为了进一步比较不同欠采样率下两种采样方式的重建效果，将采样率在10% ~ 80% 递增，记录两种欠采样方式的重建信噪比与采样率关系曲线，如图 4.22（a）所示，从中可以看出，当采样率较低时，Jitter 欠采样方式重建效果更好，可以较好地控制采样间隔，同时也不浪费采样点数，较好地恢复地震信号的局部特征。同时也对 50% 随机欠采样和 Jitter 欠采样下采用不同的迭代次数进行重建，计算出重建后的信噪比与迭代次数的关系如图 4.22（b）所示。从图 4.22 中依然可以得出，在二维 Jitter 欠采样下，基于曲波变换的三维地震数据重建效果最优。

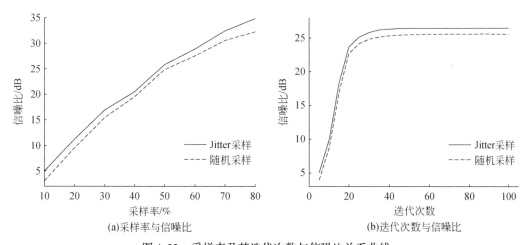

(a)采样率与信噪比　　　　　　　　　　(b)迭代次数与信噪比

图 4.22　采样率及其迭代次数与信噪比关系曲线

4.6.4　不同重建算法比较

　　为了进一步对比本章方法的优越性，特意选用基于曲波变换的谱梯度投影算法进行重

建对比（Ewout and Friedlander，2008），考虑到对比效果的公平，该方法也调试到最好的
重建效果，且迭代次数为 60 次，而本章方法迭代次数仍然为 30 次，图 4.23（a）为采用
谱梯度投影算法对图 4.19（a）的重建结果，重建后信噪比为 21.02dB，图 4.23（b）为
其误差剖面图，同时从计算时间来看，谱梯度投影算法计算时间近似为 POCS 算法的 4 倍，
因此可以得出，本章方法在计算用时少的情况下，其重建效果也比谱梯度投影算法要好。

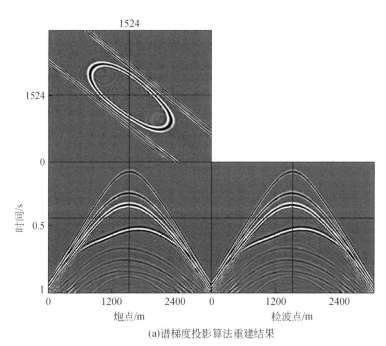

(a)谱梯度投影算法重建结果

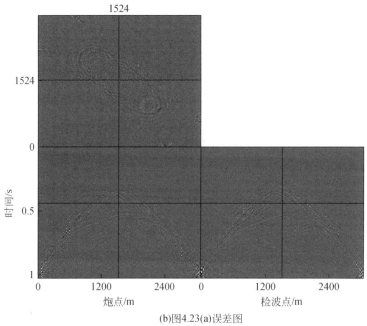

(b)图4.23(a)误差图

图 4.23　谱梯度投影算法重建结果及误差图（50% 地震道缺失）

为了不失去一般性, 仍然对时间切片进行采样率为 10% ~ 80% 的 Jitter 采样, 记录出每次重建后的信噪比, 图 4.24 (a) 为曲波变换和谱梯度投影算法重建后的信噪比与采样率关系曲线, 图 4.24 (b) 表示 Jitter 采样率 50% 情况下, 迭代次数与信噪比关系曲线图。

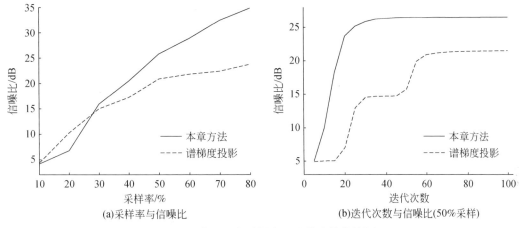

图 4.24　信噪比与采样率及迭代次数曲线图

同时在 20% 、40% 、60% 、80% 欠采样率变化下进行重建, 重建后的结果如图 4.25

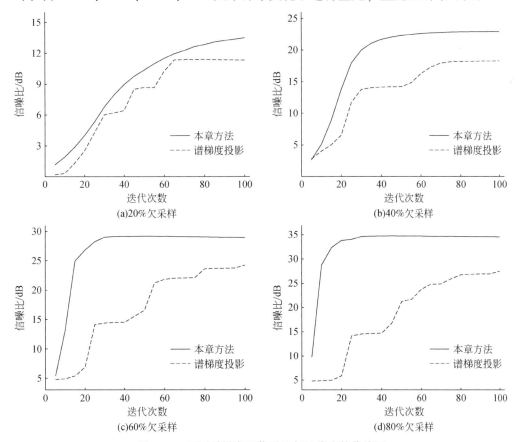

图 4.25　不同采样率下信噪比与迭代次数曲线图

所示，可以看出信噪比和采样率关系依然满足如图4.24（b）所示的变化趋势，仍然可以得出不论是采样率固定还是采样率变化情况下，本章方法都比谱梯度投影算法的重建效果更好，而且用时也更少。

4.6.5　含噪地震数据重建

因为地震数据通常都含有噪声，所以需要检验 Jitter 欠采样下基于曲波变换和凸集投影重建算法的抗噪能力，在图3.12（b）理论模型中加入高斯随机噪声，如图4.26（a）

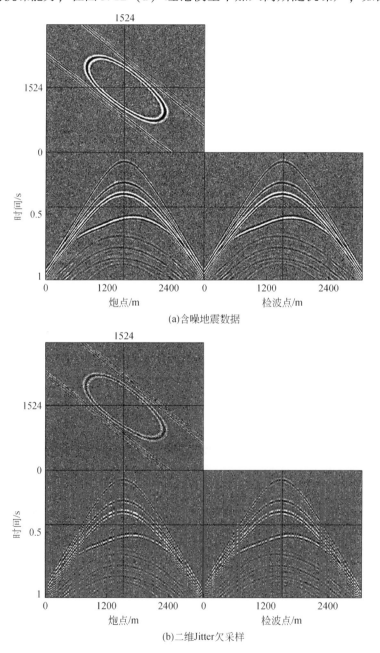

(a)含噪地震数据

(b)二维Jitter欠采样

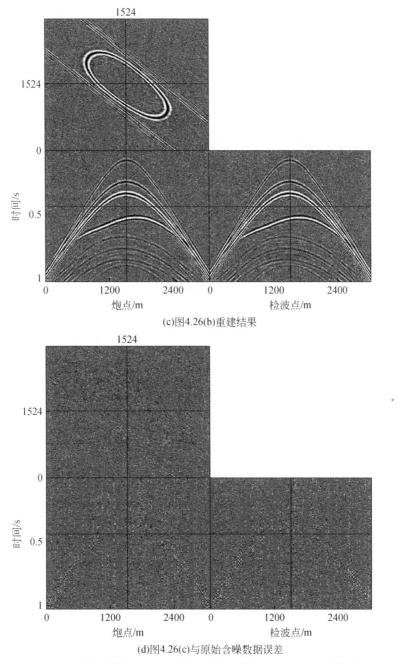

(c)图4.26(b)重建结果

(d)图4.26(c)与原始含噪数据误差

图 4.26　二维含噪数据 Jitter 欠采样及其重建结果（50%地震道缺失）

所示，然后进行抗噪重建模拟实验，图 4.26（b）为 50% 二维 Jitter 欠采样剖面图，然后采用本章方法进行重建，结果如图 4.26（c）所示，信噪比为 7.52dB，图 4.26（d）为重建后的误差剖面，通过对比可以看出，重建后的同相轴更加连续，有效信息没有受到损伤，重建效果远比傅里叶基更好，这也说明基于曲波变换的数据重建方法具有更强的抗噪声能力，能够运用于野外含噪地震数据重建中。

4.6.6 反假频重建

为了进一步检验本章方法的反假频能力,对二维规则欠采样下的数据进行重建 [图 4.27 (a)],该模型时间切片的振幅谱如图 2.4 (h) 所示,可以看出由规则欠采样带来的

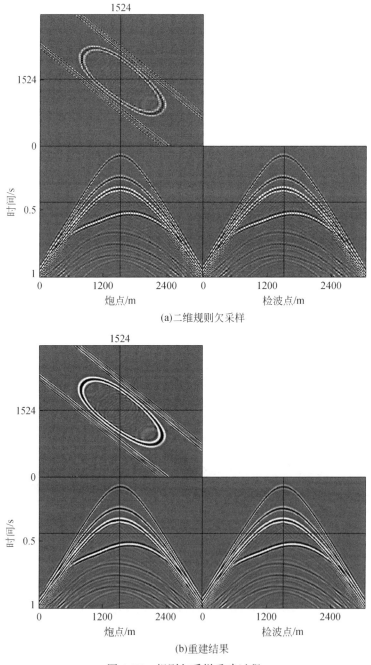

图 4.27 规则欠采样重建过程

假频干扰较为严重，常规的数据重建方法效果不佳。为此，同样使用本章方法进行重建，重建结果如图 4.27 （b） 所示，信噪比为 24.01dB，可以看出重建后的反射波同相轴连续、清晰，表明本章方法具有比傅里叶基更强的抗假频能力，能够进行复杂地区数据重建。

4.7　频率域数据重建

通过以上理论数据重建可以得出基于时间切片的重建方法参数设置简单，可操作性强，效果较好，然而采用复值曲波变换，尽管原始数据是实数，但还是按照复数进行存储处理，从而导致运算时间较长。为此，本章提出直接对频率切片进行处理，即先采用傅里叶变换，将时间域三维数据体变换到频率域，尽管在频率域需要用实部和虚部来表示地震数据，但是由于选择了复值曲波变换，即使只有实部，运算时也是按照实部和虚部一起运算。因此采用复值曲波进行处理时，时间域和频率域的计算时间相同，但由于频率样点对称，只需要处理频率域前一半样点值，后一半样点值可以通过共轭求取，因此，相对直接对时间切片处理来讲，可以节省近一半的运算时间，等同于实值曲波变换的运算时间，尽管将时间域变换到频率域以及共轭求值需要运算时间，但是当处理大量数据时，相对于复值曲波变换的运算时间来讲，可以忽略不计，同时由于将时间域信号变换到频率域之后稀疏度会更高，然后再采用复值曲波变换方法进行重建，理论上来讲，重建的效果比直接在时间域上重建会更好。

首先依然对 50% 随机欠采样和 50% Jitter 欠采样方式进行重建处理，采样方式与之前保持一致，以便于对比。图 4.28 （a） 和图 4.28 （b） 为其重建结果，其信噪比分别为 26.77dB 和 30.18dB，图 4.28 （c） 和图 4.28 （d） 分别为其误差，可以看出直接在频率域上重建后的信噪比大幅度提高，表明在频率域进行处理更精确，同时相对于直接处理时间切片来讲，几乎可以节省一半的运算时间。

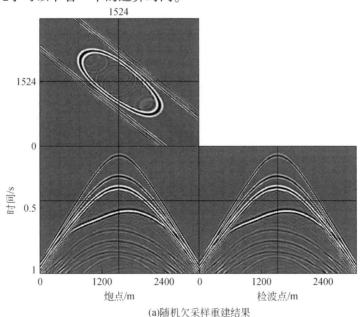

(a)随机欠采样重建结果

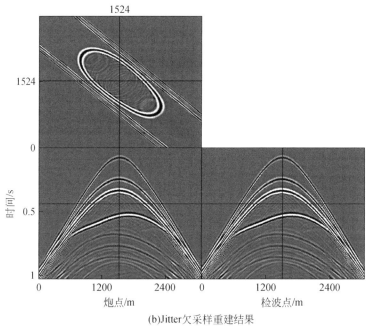

(b)Jitter欠采样重建结果

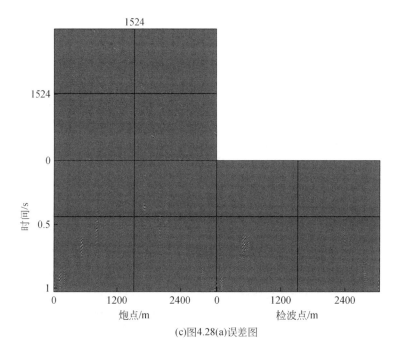

(c)图4.28(a)误差图

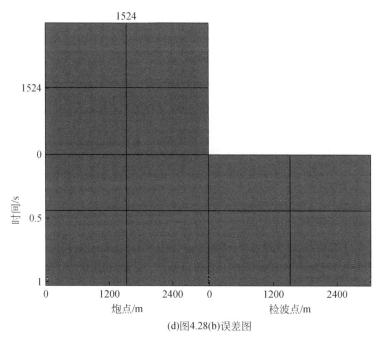

(d)图4.28(b)误差图

图4.28 随机欠采样和Jitter欠采样重建结果及误差

同时也注意到，由于信号在频率域上是稀疏的，在重建过程中不一定要对所有频率成分进行重建，只需要对有效频率成分进行重建即可，这样可以进一步节省大量的运算时间，而且由于不需要对其他干扰波频段重建，可以压制部分噪声干扰，也可以同时进行数据重建和噪声压制工作。图4.29（a）为对50% Jitter欠采样采用0~74Hz的有效频段范围进行重建的结果，其重建后信噪比为27.93dB，图4.29（b）为其误差，图4.30为原始数据和某缺失道重建后的单道振幅谱。可以看出，只对有效频段进行重建效果较好，不会损失有效波信息，而且可以将噪声进行适当压制，同时也可节省大量的运算时间。

为了进一步体现出该方法的优势以及不失去一般性，仍然对时间切片进行采样率为10%~80%的Jitter采样，记录出每次重建后的信噪比，图4.31（a）为直接对时间切片和对频率切片重建后的信噪比与采样率关系曲线，图4.31（b）表示50% Jitter欠采样率情况下，迭代次数与信噪比关系曲线图，从中都可以看出，在采样率较低或者叠加次数较少的情况下，两者重建后的信噪比相差不大，但是随着采样率增加和叠加次数增大，直接对频率切片进行重建则效果更为显著。

由于地震数据通常都含有噪声，使用本章方法对4.26（b）含噪剖面进行重建，并选择只对频率切片0~74Hz范围内进行重建，重建结果如图4.32（a）所示，其误差如图4.32（b）所示，可以看出重建前后有效信息不变，重建效果较好。图4.33为原始数据及某缺失道重建后振幅谱分析图，可以看出对有效频段进行重建后，在节省计算时间的同时，没有损伤有效波信息，还可以压制部分噪声干扰。

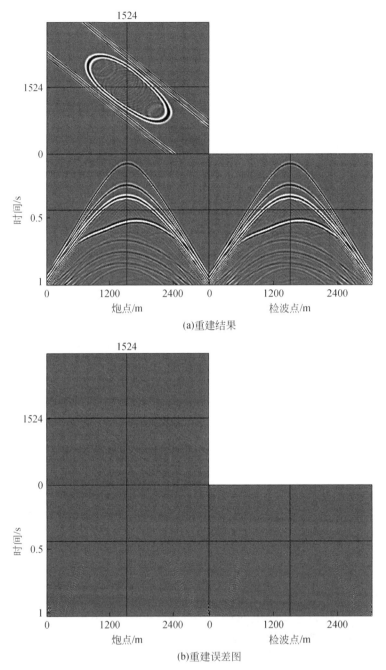

(a)重建结果

(b)重建误差图

图 4.29　有效频率重建结果及误差

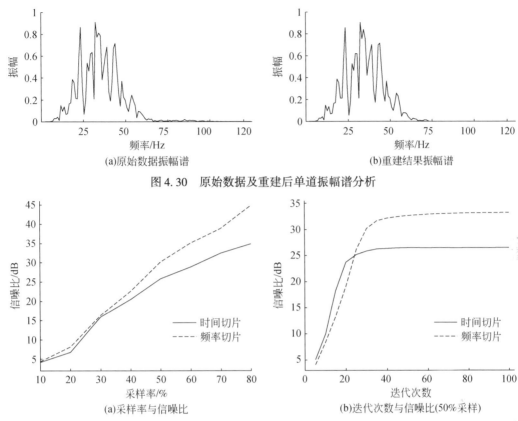

(a)原始数据振幅谱　　　　　　　　　　　　(b)重建结果振幅谱

图 4.30　原始数据及重建后单道振幅谱分析

(a)采样率与信噪比　　　　　　　　　　(b)迭代次数与信噪比(50%采样)

图 4.31　信噪比与采样率及迭代次数曲线图

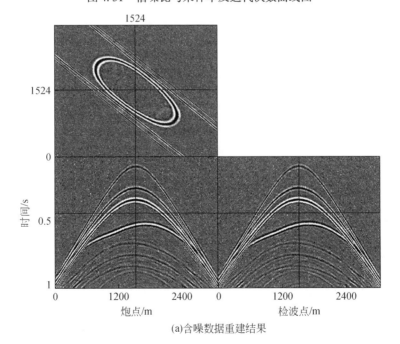

(a)含噪数据重建结果

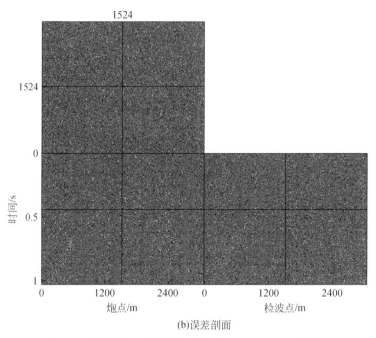

(b)误差剖面

图 4.32　含噪数据重建结果及其误差（50% 地震道缺失）

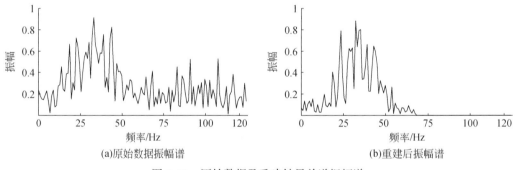

(a)原始数据振幅谱　　　　　　　　　　　(b)重建后振幅谱

图 4.33　原始数据及重建结果单道振幅谱

4.8　应用实例分析

4.8.1　二维地震资料重建

图 4.34（a）为野外某地区二维地震数据，该数据道距 25m，采样率 4ms，180 道接收。图 4.34（b）为对理想采样记录进行 50% 一维随机欠采样结果图，然后采用本章方法对其进行重建，重建结果如图 4.34（c）所示，其信噪比为 6.19dB，图 4.34（d）为其误差剖面。从中可以看出，在欠采样 50% 的情况下，本章方法重建效果较好，局部细节信息

得到了较好的恢复，弱能量有效波也得到较好的重建，重建后同相轴几乎与原始地震记录一样，能够满足后续其他处理方法的要求。同时为了从细节上更详细地比较重建效果，将原始地震数据、50%一维随机欠采样数据和重建后地震数据分别进行局部放大，并且显示其振幅谱。如图 4.35 所示，从中也可以看出，本章方法重建后振幅谱与真实振幅谱最为接近，除了局部弱同相轴能量没有恢复外，其他区域有效波能量损伤最小，重建后的地震波场连续光滑，效果显著。

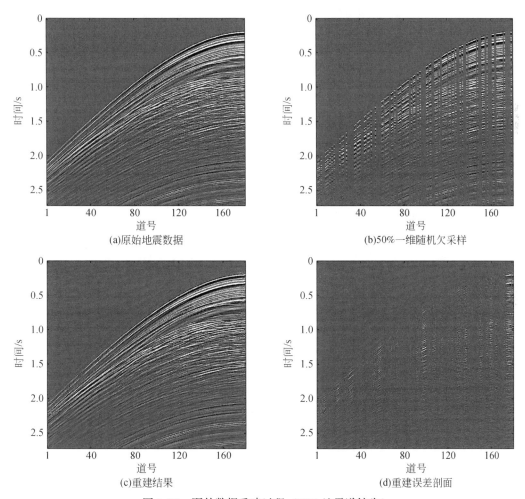

(a)原始地震数据　　　　　　　　　　　　(b)50%一维随机欠采样

(c)重建结果　　　　　　　　　　　　(d)重建误差剖面

图 4.34　野外数据重建过程（50%地震道缺失）

4.8.2　三维地震资料重建

对某海上三维地震数据体进行处理，该数据体与第 3 章所用数据体相同，并将重建结果与其进行比较，以便更好地体现出本章方法的优势，首先进行 50% 二维 Jitter 欠采样，采样结果如第 3 章图 3.24（b）所示，然后采用本章方法直接对时间切片进行重建，重建结果如图 4.36（a）所示，重建后信噪比为 10.13dB，为了进行对比，也采用基于曲波变

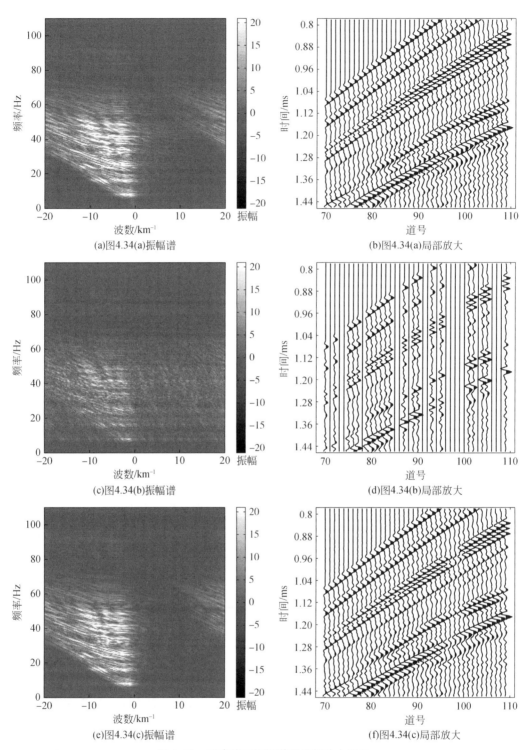

(a)图4.34(a)振幅谱

(b)图4.34(a)局部放大

(c)图4.34(b)振幅谱

(d)图4.34(b)局部放大

(e)图4.34(c)振幅谱

(f)图4.34(c)局部放大

图 4.35　重建前后振幅谱及局部放大显示

换的谱梯度投影算法进行重建，重建结果如图 4.36 （b） 所示，重建后信噪比为 7.92dB，图 4.36 （c） 和图 4.36 （d） 分别为这两种算法重建后的误差剖面，从中可以看出，在采样 50% 的情况下，两种算法重建效果都较好，但对比可以看出本章方法效果更优，其局部细节信息得到了更好的恢复，同相轴几乎与原始地震记录一样，能够满足后续处理的要求。图 4.37 分别为原始地震记录及图 4.36 （a）、（b） 的第 101 炮振幅谱和局部放大显示，从中也可以看出，本章方法重建后振幅谱与真实振幅谱最为接近，缺失道信息有效地重建出来了，重建后的有效波同相轴更为连续、光滑，不会产生像基于傅里叶基重建时的噪声干扰，但相比之下，本章方法比谱梯度投影算法效果更好，并且计算效率也更快。

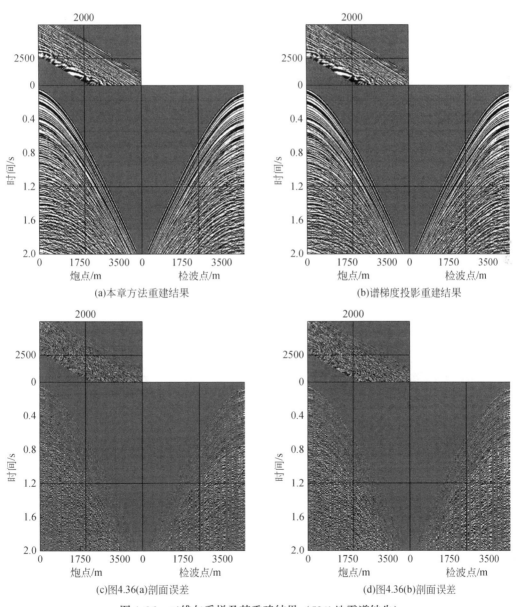

图 4.36　二维欠采样及其重建结果 （50% 地震道缺失）

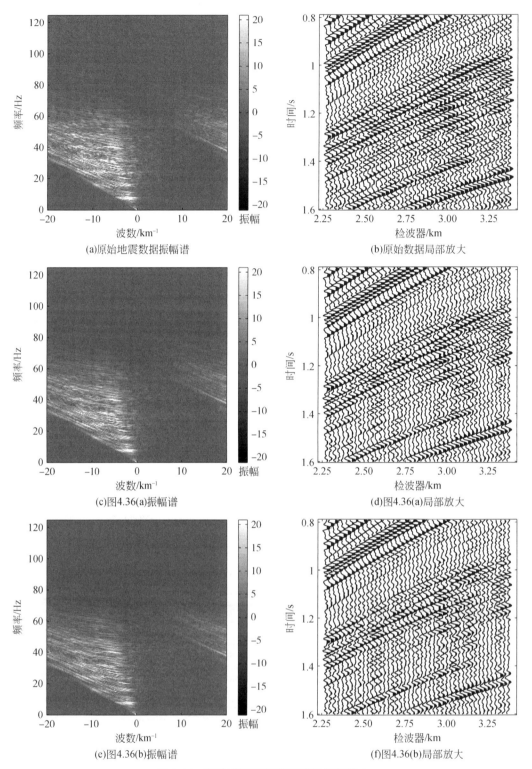

(a)原始地震数据振幅谱

(b)原始数据局部放大

(c)图4.36(a)振幅谱

(d)图4.36(a)局部放大

(e)图4.36(b)振幅谱

(f)图4.36(b)局部放大

图4.37　重建前后某炮振幅谱及局部放大

同时也对所有频率切片进行重建，重建后的信噪比为14.02dB，比直接对时间切片进行重建效果更好，然而，为了进一步减少运算时间，直接采用对有效频率切片进行重建，有效频率范围为0~80Hz，其重建结果如图4.38（a）所示，图4.38（b）为其误差，该误差也包含重建过程中去除的噪声，可以看出重建效果较好，图4.39为原始数据及某缺失道重建后单道振幅谱分析图，进一步可以看出，该方法在有效地重建出缺失道的同时，还可以压制部分随机噪声，比之前直接对时间切片进行重建效果更好，而且可以节省2/3以上运算时间。

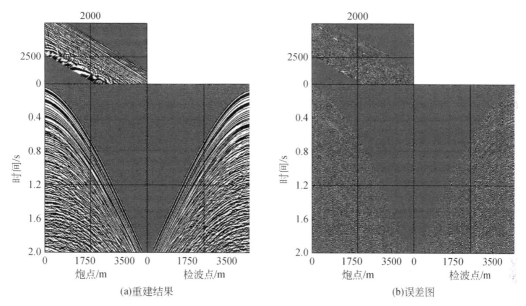

图4.38　有效频率重建结果及误差

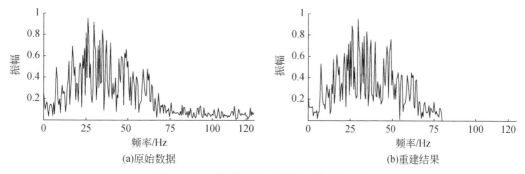

图4.39　原始数据及重建结果单道振幅谱

第5章　基于非均匀傅里叶变换的 地震数据重建

在野外数据采集过程中，由于地形条件的限制或者海洋拖缆羽状漂移的影响，地震数据常进行空间非均匀网格采样，而以往重建算法的前提条件要求空间采样网格是均匀的，对于空间非均匀采样网格下的不规则缺失道则重建效果欠佳，这直接制约了数据重建技术的发展。目前室内对空间非均匀采样不规则缺失道常规处理方法是面元中心化，但是面元中心化后放弃了记录的真实位置，降低了地震勘探资料的分辨率，影响后续成像处理，因此需要发展基于非均匀网格采样下的不规则缺失地震道重建方法，以便解决实际生产中所遇到的问题。为此本章主要将非均匀 Fourier 变换和最小二乘反演方法相结合，对不规则空间带限地震数据进行反演重建，对每一个频率依据最小视速度确定出重建数据的带宽，然后从不规则地震数据中估计出重建数据空间 Fourier 系数，在反演求解时，使用共轭梯度算法，以保证求解的稳定性，加快解的收敛速度。

5.1　傅里叶变换算子

定义连续的空间傅里叶正变换为

$$\tilde{P}(k_x,\ \omega) = \int_{-\infty}^{\infty} P(x,\ \omega)\,\mathrm{e}^{jk_x x}\mathrm{d}x \tag{5.1}$$

式中，x 为空间变量；k_x 为波数；ω 为某个频率成分，反变换为

$$P(x,\ \omega) = \frac{1}{2\pi}\int_{-\infty}^{\infty} \tilde{P}(k_x,\ \omega)\,\mathrm{e}^{-jk_x x}\mathrm{d}k_x \tag{5.2}$$

那么对于沿 x 方向均匀采样的有限带宽数据，对应式（5.1）的离散傅里叶变换为

$$\tilde{P}(k_x,\ \omega) = \sum_{n=0}^{N-1} P(n\Delta x,\ \omega)\,\mathrm{e}^{jk_x n\Delta x}\Delta x \tag{5.3}$$

式中，Δx 必须要取得足够小以避免空间假频。在非均匀采样条件下，其黎曼和可以表示为式（5.4），即把式（5.2）中的积分式用实际采样位置 $(x_0,\ \cdots,\ x_{N-1})$ 所对应的和式代替：

$$\tilde{P}(k_x,\ \omega) = \sum_{n=0}^{N-1} P(x_n,\ \omega)\,\mathrm{e}^{jk_x x_n}\Delta x_n \tag{5.4}$$

式中，$\Delta x_n = \frac{x_{n+1}-x_{n-1}}{2}$，式（5.4）定义为非均匀离散傅里叶变换（NDFT）。

假设傅里叶域的采样间隔为 Δk_x，待重建数据的带宽为 $[-M\Delta k_x,\ M\Delta k_x]$，那么对于任何空间变量 x，非均匀离散傅里叶反变换为

$$P(x,\ \omega) = \frac{\Delta k_x}{2\pi}\sum_{m=-M}^{M} \tilde{P}(m\Delta k_x,\ \omega)\,\mathrm{e}^{-jm\Delta k_x x} \tag{5.5}$$

式中，Δk_x 的值应该选取得足够小以避免 x 方向的假频。考虑非均匀空间采样位置（x_0，x_1，$\cdots$，x_{N-1}），式（5.5）可写成向量形式：

$$\boldsymbol{y} = \boldsymbol{A}\tilde{\boldsymbol{p}} \tag{5.6}$$

且有

$$y_n = P(x_n, \ \omega) \tag{5.7}$$

$$\tilde{p}_m = \tilde{P}(m\Delta k_x, \ \omega) \tag{5.8}$$

$$A_{nm} = \frac{\Delta k_x}{2\pi} \mathrm{e}^{-jm\Delta k_x x_n} \tag{5.9}$$

在进行地震数据重建时，一般采用分频重建的方法，对于每一个瞬时频率 ω 和给定最小视速度 v，能够求出信号的空间频率 k，即 $k = \omega/v$，而 $\Delta k = 1/(x_{N-1} - x_0)$，可以得出空间频率采样点数 M，同时对于每个瞬时频率 ω，能够重建出带宽为 $[-M\Delta k_x, \ M\Delta k_x]$ 的数据。然而，实际数据可能并不是有限带宽数据。在 f-k 域，高频部分的信号通常会超出所定义的实际带宽。由于这些成分的存在，在式（5.6）中需要加入噪声项 $\boldsymbol{n}$，因此方程变成

$$\boldsymbol{y} = \boldsymbol{A}\tilde{\boldsymbol{p}} + \boldsymbol{n} \tag{5.10}$$

5.2　最小二乘反演

显然，式（5.10）是一个标准的线性反问题。通过存放在向量 $\boldsymbol{y}$ 中的空间非均匀采样数据预测未知向量 $\tilde{\boldsymbol{p}}$ 中存放的规则采样的数据。求解这个反问题，首先定义目标函数：

$$J = \frac{1}{\sigma_n^2} \parallel \boldsymbol{W}^{1/2}(\boldsymbol{y} - \boldsymbol{A}\tilde{\boldsymbol{p}}) \parallel_2^2 + \parallel \boldsymbol{C}_p^{-1/2}\boldsymbol{p} \parallel_2^2 \tag{5.11}$$

式中，$\boldsymbol{W}$ 为加权矩阵；标量 σ_n^2 和 $\boldsymbol{C}_p$ 为先验噪声项和模型差异，实际上可以简化为调节参数，然后采用最小二乘反演进行求解，因此式（5.11）取最小值时：

$$\tilde{\boldsymbol{p}} = (\boldsymbol{A}^{\mathrm{H}}\boldsymbol{W}\boldsymbol{A} + k^2\boldsymbol{I})^{-1}\boldsymbol{A}^{\mathrm{H}}\boldsymbol{W}\boldsymbol{y} \tag{5.12}$$

为避免矩阵求逆，保证解的收敛性，将式（5.12）改写为

$$\boldsymbol{H}\tilde{\boldsymbol{p}} = \boldsymbol{b} \tag{5.13}$$

式中，$\boldsymbol{H} = \boldsymbol{A}^{\mathrm{H}}\boldsymbol{W}\boldsymbol{A} + k^2\boldsymbol{I}$，$\boldsymbol{b} = \boldsymbol{A}^{\mathrm{H}}\boldsymbol{W}\boldsymbol{y}$，对于式（5.13），可采用共轭梯度算法（李庆阳等，2000）进行求解，在求解过程中，需要确定以下参数。

1. 加权矩阵

加权矩阵 $\boldsymbol{W}$ 对角线上的元素和采样点之间的距离相对应

$$W_{ii} = \Delta x_i \tag{5.14}$$

由向量 $\tilde{\boldsymbol{p}}$ 的估计值式（5.12）可知，相对于稀疏的采样，空间上采样点越密，权重就越小。

在这里，这个加权矩阵是十分必要的。对于 $\boldsymbol{A}^{\mathrm{H}}\boldsymbol{W}\boldsymbol{y}$ 项的计算为

$$[\boldsymbol{A}^{\mathrm{H}}\boldsymbol{W}\boldsymbol{y}]_m = \frac{\Delta k_x}{2\pi} \sum_{n=0}^{N-1} P(x_n, \ \omega) \mathrm{e}^{jm\Delta k_x x_n} \Delta x_n \tag{5.15}$$

如果不考虑常量 $\dfrac{\Delta k_x}{2\pi}$，式（5.15）表示非均匀离散傅里叶变换的黎曼和式，是对结果的初步估算。$(A^H WA + k^2 I)^{-1}$ 算子和非均匀离散傅里叶变换的结果做反褶积，从而改进了非均匀离散傅里叶变换的计算结果。

2. 阻尼系数的确定

阻尼系数 k^2 作为稳定因子，可以通过式（5.16）计算：

$$k^2 = F \frac{\Delta k_x}{2\pi} \frac{M_p}{N} \tag{5.16}$$

式中，$M_p = 2M+1$ 为傅里叶系数的总数；F 为预期的信噪比，通常是取对角线的 0.001 倍，或者通过迭代选取；N 为不规则道数。

3. 采样间隔

假设不规则采样点的最大采样间隔为 $\Delta x_{\max}$，根据 Duijndam 等（1999）的研究，矩阵 $H = A^H WA$ 的条件数与 $\Delta x_{\max}$ 存在如下关系：

$$\text{Cond}(A^H WA) \leqslant \left(\frac{1 + 2\Delta x_{\max} M}{1 - 2\Delta x_{\max} M} \right)^2 \tag{5.17}$$

由（5.17）式可知，$\Delta x_{\max}$ 越大，则矩阵 $H = A^H WA$ 的条件数越大，难以得到适定解，表明采样间隔太大的地震道重建时效果越差，一般来讲，$\Delta x_{\max} \geqslant 3\Delta x$ 时矩阵 $H = A^H WA$ 已无法保证收敛，因此在野外数据采样时，采样点间距不能过大，为此，本章仍然引入 Jitter 采样，尽可能保证采样间隔均匀。

5.3　空间域数据重建

对不同的频率成分，对应的波数各不相同。在已知最小视速度，并假设视速度不随方位角变化的情况下，可以求出每个频率成分对应的波数域带宽。对于较低的频率，波数域的带宽很小，式（5.13）左边的矩阵实现相对简单，傅里叶系数的个数较少，因此整个算法有很高的效率和稳定性，能很好地重建信号，但对于较高的频率，波数域带宽较大，求解起来就相对较困难。

由式（5.13）求出空间域傅里叶系数 $\tilde{p}$ 后，再做空间域反傅里叶变换，就可实现不规则缺失数据的空间域重建，用公式可表示为

$$p_r = A_r \tilde{p} = A_r H^{-1} A^H Wy \tag{5.18}$$

式中，A_r 为反向规则采样傅里叶变换算子；$x_n = n\Delta x$，$n = -N_x, \cdots, N_x$。

根据空间一维非均匀离散傅里叶变换原理及其求解过程，设计出如下的实现步骤：

（1）对 t-x 域的地震数据做时间域傅里叶变换到 f-k 域。

（2）确定空间采样间隔，计算出加权对角矩阵 W。

（3）对每个频率成分，确定波数域带宽和波数域的采样间隔，计算 $A^H WA + k^2 I$ 和 $A^H Wy$。

（4）用共轭梯度算法，反演出傅里叶变换系数。

（5）对反演出的系数做傅里叶逆变换，此时的空间域采样间隔是均匀的，数据被变换到 $f-k$ 域。

（6）对步骤（5）的结果做时间上逆傅里叶变换，数据被还原到 $t-x$ 域。

5.4 数值模拟算例

为了进一步检验本章方法的可行性，设计一个 64 道的理论模型，道距为 5m，采样点数 512，同相轴速度分别为 1200m/s、2500m/s 以及无穷大，采用主频为 30Hz 的雷克子波进行合成，如图 5.1（a）所示，图 5.1（b）为其振幅谱图。为了提高重建的效果，首先进行 50%Jitter 欠采样，结果如图 5.2（a）所示，为了模拟野外道距非均匀采样过程，将部分地震道进行剔除，并且合并其他地震道，结果如图 5.2（b）所示，相当于野外采集时最大道距为 15m，最小道距为 5m，然后采用本章空间一维非均匀傅里叶变换方法对其进行重建，重建时采用的最小视速度为 1200 m/s，图 5.2（c）为重建结果，重建后信噪比为 21.87dB，图 5.2（d）为重建后的地震记录与原始记录的差值剖面。图 5.3 为重建前后的振幅谱，从中可以看到同相轴恢复效果较好，由非均匀地震道引起的空间噪声干扰在不同程度上得到了较好的压制，所得到的振幅谱也几乎与原始记录振幅谱相吻合，从而验证本章方法的有效性。

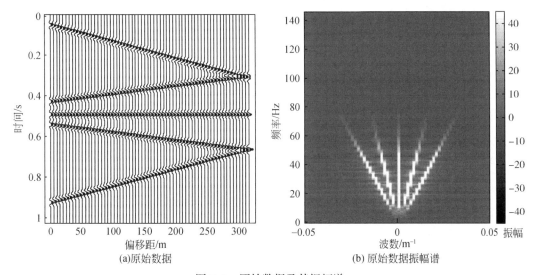

(a)原始数据

(b) 原始数据振幅谱

图 5.1 原始数据及其振幅谱

因为地震数据通常都含有噪声，所以需要检验本章所提出的基于空间一维非均匀傅里叶变换重建算法的抗噪声能力，在图 5.1（a）理论模型中加入高斯随机噪声，然后进行 50%Jitter 欠采样，如图 5.4（a）所示，并且将这些缺失道进行剔除，模拟成野外空间非均匀数据采集，如图 5.4（b）所示，对其再进行空间非均匀道距重建，重建后道距仍然为 5m，还是选择最小速度为 1200m/s，重建结果如图 5.4（c）所示。重建后信噪比为 7.42dB，可以看出重建效果较好，同相轴连续，有效波能量损失较少，图 5.4（d）为其

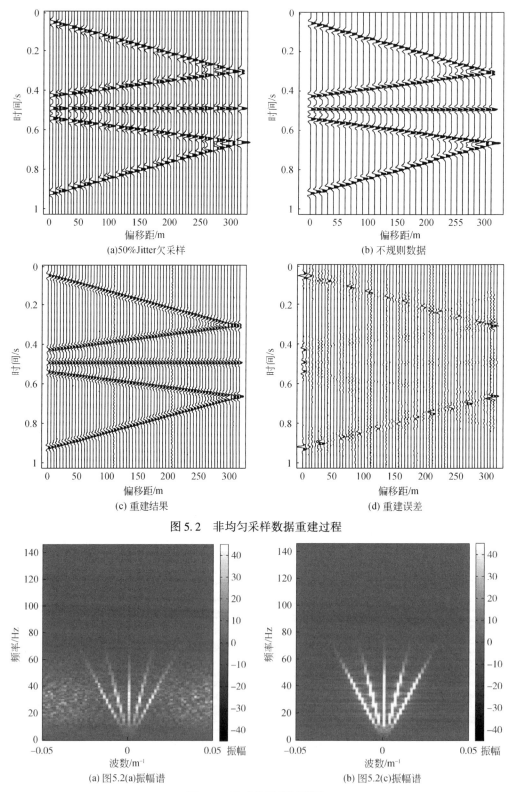

图 5.2　非均匀采样数据重建过程

图 5.3　重建前后振幅谱图

误差图,误差图上都是随机噪声,几乎没有损伤有效波信号,这也说明重建后的地震信号与原始信号吻合程度较好,从而也说明本章方法具有一定的抗噪能力。

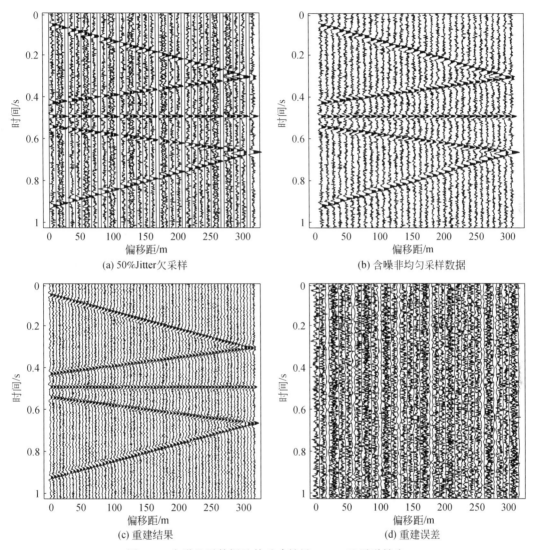

(a) 50%Jitter欠采样

(b) 含噪非均匀采样数据

(c) 重建结果

(d) 重建误差

图 5.4 含噪地震数据及其重建结果(50% 地震道缺失)

为了进一步检验本章方法的反假频能力,采用 40Hz 雷克子波合成道距为 10m 的地震数据,如图 5.5(a)所示,其他参数与图 5.1(a)一样,其振幅谱如图 5.5(b)所示,从中可以知道,视速度较小的反射波同相轴在 60Hz 左右出现空间假频。同样进行 50%Jitter 采样,采样后剔除空白道的不规则数据如图 5.5(c)所示,图 5.5(d)为其振幅谱图,可以看出由于空间采样非均匀,产生了大量的空间随机噪声,然后对空间非均匀数据进行恢复重建,重建结果如图 5.5(e)所示,信噪比为 5.07dB,图 5.5(f)为重建后地震数据的振幅谱,可以看出重建后的同相轴不是特别连续,能量损失较大,导致信噪比降低,而且从振幅谱分析也可以看出,重建后没有压制空间随机噪声,恢复效果达不到预期目的，这当然与初始速度的选择也有关系，如果初始速度选择大一点，则没有假频的同相轴能够有效恢复，但是有假频的同相轴信噪比则更低，从而也说明本章方法抗假频能力较差。

综上可知，当反射波同相轴为线性或者近似为线性时，重建效果较好，为了检验该方法的一般性，建立如图5.6（a）所示的模型，该模型采样率为4ms，采样点数和道数都为256，道距为12m，对其进行50% Jitter欠采样，然后采用本章方法进行重建，重建结果如图5.6（b）所示，重建后信噪比为4.78dB，可以看出重建效果不佳，同相轴能量没有得到有效恢复，局部细节没有反映出来，并且重建后会产生随机干扰，降低了剖面的信噪比，这也说明空间一维非均匀傅里叶变换方法的有限性，也就是只能处理近似线性同相轴的地震资料，而对于曲率较大的同相轴则效果较差，需要分窗口进行处理，这也迫使我们发展更高维的重建方法，从另外一个空间方向上进行数据重建，提高信噪比。

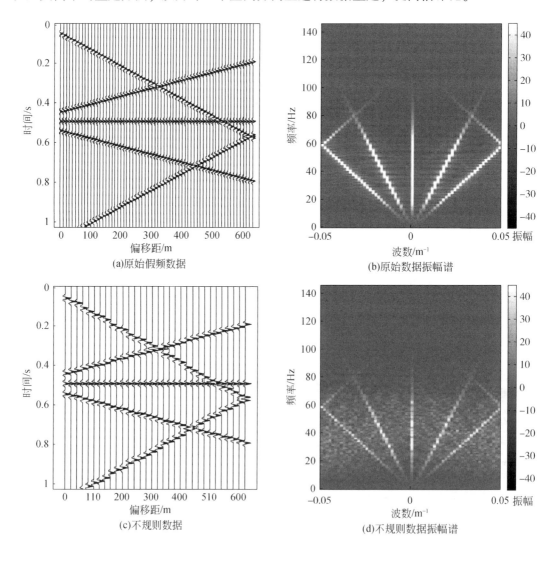

(a)原始假频数据　　　　　　　　　　　　(b)原始数据振幅谱

(c)不规则数据　　　　　　　　　　　　(d)不规则数据振幅谱

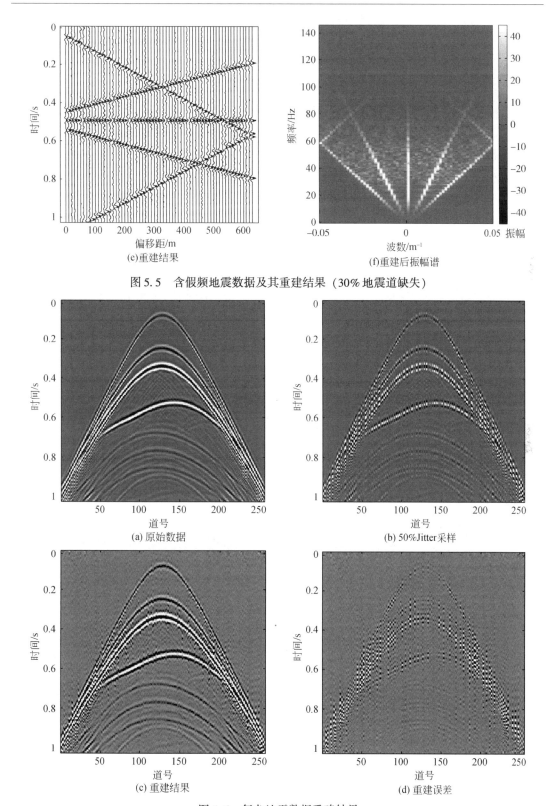

(e)重建结果

(f)重建后振幅谱

图 5.5　含假频地震数据及其重建结果（30% 地震道缺失）

(a) 原始数据

(b) 50%Jitter采样

(c) 重建结果

(d) 重建误差

图 5.6　复杂地震数据重建结果

5.5　应用实例分析

为了检验本章方法的实用性，将其用来处理野外实际地震资料，为了满足有限带宽的要求，预先将该资料的高频干扰进行了去除，图5.7（a）为某工区去噪后的二维地震资料，共180道，每道512个采样点，采样间隔4ms，将其进行70%采样，模拟野外数据采集过程中的空间非均匀缺失数据，如图5.7（b）所示，从中可以看出同相轴不连续，然而在实际处理时，剔除了空白道，使各道距不均匀。同时为了进一步从频率域了解该数据的振幅特征，对其进行了频谱分析，图5.8（a）为其振幅谱，可以看出由非均匀采样引起的人工假频较为严重，并且数据本身采样较为稀疏，存在假频现象，必须进行处理。然后采用空

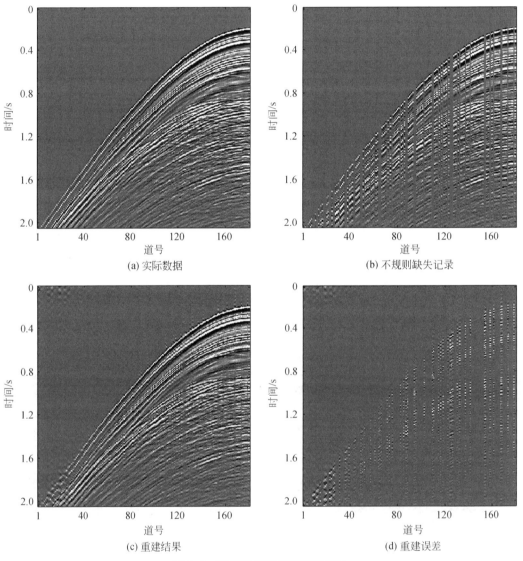

(a) 实际数据　　　　　　　　　　　　　　　　(b) 不规则缺失记录

(c) 重建结果　　　　　　　　　　　　　　　　(d) 重建误差

图5.7　野外不规则数据重建过程

间非均匀傅里叶变换方法进行重建，重建时最小视速度采用 1750 m/s，图 5.7（c）为重建结果，其重建后振幅谱如图 5.8（b）所示，重建后信噪比为 11.69dB，图 5.7（d）为误差剖面图。图 5.8（c）、（d）为重建前后局部放大，可以看出本章方法尽管能够重建出非均匀缺失地震道，但总体来讲，重建效果不是特别理想，反假频能量不强，特别对于较高频信息恢复效果较差，因为在高频段对应的波数较大，即空间带限相对较宽，从而导致高频段重建效果不好，因此使用该方法之前最好进行去噪处理。这或许也是空间一维不均匀傅里叶变换本身的缺陷，为此需要发展空间二维非均匀傅里叶变换，从另外一个空间方向对数据进行重建，以弥补一个空间方向的信息不足，提高其整体重建效果。

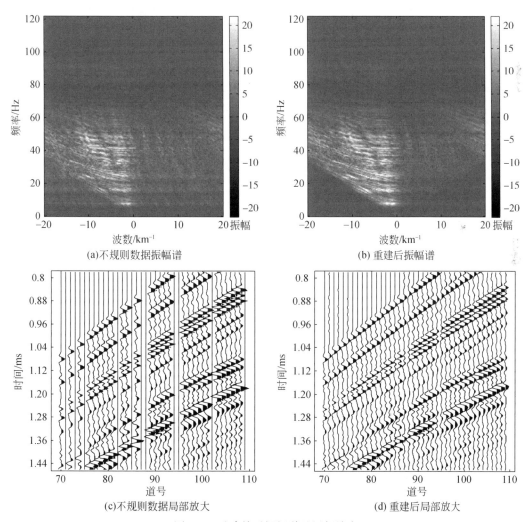

(a)不规则数据振幅谱   (b) 重建后振幅谱

(c)不规则数据局部放大   (d) 重建后局部放大

图 5.8   重建前后振幅谱及局部放大

第6章 基于非均匀曲波变换的地震数据重建

大量研究结果证明，基于曲波变换的数据重建方法效果显著。尽管如此，以往基于曲波变换的重建方法前提条件是空间均匀采样，因为常规的曲波变换在计算过程中首先要应用到傅里叶变换，而傅里叶变换的前提条件是空间均匀采样，从而导致以往曲波变换只能处理空间均匀采样下的地震道缺失重建，而对于空间非均匀采样下的地震数据则不能直接重建，限制了该方法的进一步应用。为此，本章针对空间非均匀采样下地震数据重建问题，首先在二维快速离散曲波变换过程中引入非均匀傅里叶变换，建立均匀曲波系数与空间非均匀采样下地震缺失道数据之间的规则化反演算子，然后使用线性 Bregman 算法进行反演计算得到均匀曲波系数，最后再进行二维均匀快速离散曲波反变换，从而形成基于二维非均匀曲波变换的地震数据重建方法，在此基础上，引入二维非均匀快速傅里叶变换，实现基于非均匀曲波变换的三维地震数据重建方法，提高数据重建精度。

6.1 理 论 基 础

地震数据的重建问题就是从不完整的数据中恢复出完整的地震数据，假设如下线性正演模型：

$$y = Md \tag{6.1}$$

式中，$y \in R^m$ 为采集的不完整地震数据；$d \in R^n$，且 $n \gg m$，为待重建的完整数据；$M \in R^{n \times m}$ 为随机采样矩阵。假设数据 x 是 d 在曲波变换域 C 中的稀疏表示，则式（6.1）可以写为

$$y = Ax \ \text{且} \ A \stackrel{def}{=} MC^H \tag{6.2}$$

式中，上标 H 代表共轭转置矩阵。

式（6.2）的稀疏解可以通过求解以下 l_1 范数最优化问题得到：

$$\tilde{x} = \arg \min_x \|x\|_1 \quad \text{subject to} \quad y = Ax \tag{6.3}$$

式中，$\tilde{x}$ 为估计值；l_1 范数定义为 $\|x\|_1 \stackrel{def}{=} \sum_{i=1}^N |x[i]|$，$x[i]$ 是向量 x 中第 i 个元素。由于该方程是欠定的，有无限多个向量 x 满足 $y = Ax$，$\tilde{x}$ 是满足最小 l_1 范数中的一个。

在式（6.2）中，以往重建方法采用的算子 C^H 为常规曲波反变换算子，事实上，该算子也可以为非均匀曲波反变换算子。为此，采用 C_U^H 和 C_N^H 来分别表示曲波反变换算子和非均匀曲波反变换算子。显然，如果采用曲波算子 C_U^H 进行非均匀采样数据重建，则会扭曲地震波场的真实位置。所以本章的主要工作就是构建非均匀曲波反变换算子 C_N^H，并通过线性 Bregman 算法来反演计算得到均匀曲波系数，再通过常规曲波反变换来重建非均

匀采样下缺失道地震数据，并将其归位为均匀采样网格，从而实现基于非均匀曲波变换的高精度地震数据重建方法，并且将该方法进一步推广到高维地震数据重建。

6.2　空间非均匀曲波变换

6.2.1　非均匀曲波实现过程

从第 3 章的研究可知，傅里叶变换是一种全局变换，对信号局部化分析能力较差，只适合同相轴近似线性或者平稳变化的地震信号，然而在复杂地区勘探中，地震数据波前变化特征较大，傅里叶变换已不能最佳稀疏地表示地震信号，而曲波变换由于具有各向异性特征，能够更好地表征信号的局部特征，重构后信噪比高，但是常规的曲波变换只能处理均匀网格采样下的不规则缺失地震数据，而对于非均匀采样网格的地震数据则不能直接重建，限制了该方法的广泛应用。因此更需要完善基于非均匀曲波变换的地震信号重建理论与方法，以便更加有效地重建出非均匀采样下的缺失地震数据。

Candés 等（2006）提出了第二代曲波（Curvelet）变换。从而使曲波变换更容易理解、运算效率更好、实现更简单，能够为地震信号提供最优的稀疏表示方式。实际上，Candés 等（2006）提出的二维快速离散曲波变换有两种实现方式，一种是基于 USFFT（unequally spaced FFT），另外一种基于 Wrapping 算法（wrapping-based transform），本章主要选择 Wrapping 算法。从第二代曲波变换的 Wrapping 算法可以看出，曲波变换经历了 4 个步骤：①对地震数据应用二维傅里叶变换，得到频率波数域系数；②在频率波数域形成角度楔形；③将每一个楔形围绕到原点进行重新装配；④对每一个装配好的楔形应用二维傅里叶反变换，得到离散曲波系数。在本章中，定义曲波正变换算子：

$$C_U \overset{\text{def}}{=} TF \tag{6.4}$$

式中，F 为二维傅里叶变换，它实现了离散曲波变换第 1 步；T 为曲波拼接算子，即将频率波数域变换到曲波系数的过程，它实现了离散曲波变换第 2～第 4 步。

曲波正反变换算子满足 $C_U C_U^H = I$，因此可以定义曲波反变换算子：

$$C_U^H = F^H T^H \tag{6.5}$$

式中，F^H 为二维傅里叶反变换，将频率波数域转换到时间空间域中；T^H 为曲波拼接反算子，即将曲波系数变换到频率波数域的过程。

在式（6.4）中，二维傅里叶变换参与了快速离散曲波变换，因此常规的二维曲波变换不能处理非均匀采样数据，因为傅里叶变换是在均匀采样数据下进行处理的，如果将其处理非均匀采样数据，则会严重歪曲原始地震数据的真实位置，导致地震波场错乱或者严重破坏，得不到正确的频率波数域系数。然而，由于二维傅里叶反变换算子是克罗内克乘积，采用符号 $\otimes$ 表示。可以用 F_x^H 表示沿着空间轴的一维傅里叶反变换算子，F_t^H 表示沿着时间轴的一维傅里叶反变换算子，因此式（6.5）中的二维傅里叶反变换可定义为

$$F^H = F_x^H \otimes F_t^H \tag{6.6}$$

在这个分解变换中，时间方向是均匀理想采样，不需要重建。因此，可以用空间非均

匀快速傅里叶变换 N_x^H 代替一维傅里叶反变换算子 F_x^H。非均匀快速傅里叶变换实现的主要策略如下：首先将非均匀地震数据与某高斯短滤波器进行褶积，并对其结果进行均匀网格下密集采样，然后对密集采样后的数据进行快速傅里叶变换到频谱域，最后在频谱域进行反褶积校正，得到非均匀地震数据的频谱。因此新的非均匀曲波反变换算子可以定义为

$$C_N^H \overset{def}{=} (N_x^H \otimes F_t^H) T^H \qquad (6.7)$$

该算子可以将离散曲波系数与非均匀采样下不规则地震道建立相应的联系。再将该算子代入式（6.3），此时 $A = MC_N^H$，通过求解式（6.3），从而可以得出均匀曲波系数。

对于空间非均匀三维地震数据，由于时间方向不需要重建，可以用空间二维非均匀快速傅里叶变换 N_{xy}^H 来代替二维傅里叶反变换算子 F^H，从而形成二维空间非均匀曲波反变换算子：

$$C_N^H \overset{def}{=} N_{xy}^H T^H \qquad (6.8)$$

根据式（6.3），可以定义非均匀曲波正变换算子 $C_N^\dagger$ 为

$$C_N^\dagger : y \rightarrow \tilde{x} = \arg \min_x \|x\|_1 \quad \text{subject to} \quad y = Ax \qquad (6.9)$$

从式（6.9）得知，正变换算子 $C_N^\dagger$ 非线性映射非均匀采样地震数据 y 到曲波系数 $\tilde{x}$ 是属于基追踪（BP）问题，由于该方程是欠定的，有无限多向量 x 满足 $y = Ax$，$\tilde{x}$ 是满足最小 l_1 范数中的一个。方程两边相等约束保证了正反变换算子对 $(C_N^H, C_N^\dagger)$ 是能量无损伤的，满足 $C_N^H C_N^\dagger y = y$，$(B^\dagger, B)$ 称为第二代二维非均匀曲波正反变换。而对于该方程的求解，目前已经发展了诸多算法来求解该约束问题，如谱梯度投影算法，但本章拟选用更为简单有效的线性 Bregman 算法来求解此 l_1 范数最小化问题。

6.2.2　线性 Bregman 算法

目前，线性 Bregman 算法在求解 l_1 范数问题方面非常简单而高效，因此引起较大的关注，特别适合求解大型稀疏方程。该方法主要将式（6.9）最优化问题转为求解下述 BP 规则化问题（Cai $et\ al.$，2009；Yin，2010；Lorenz $et\ al.$，2013，2014）：

$$\min_x \lambda \|x\|_1 + \frac{1}{2} \|x\|_2^2 \quad \text{subject to} \quad \frac{1}{2} \|Ax - y\|_2^2 \leqslant \sigma^2 \qquad (6.10)$$

式中，λ 为一个阈值权衡因子，在平衡 l_1 范数和 l_2 范数起到重要作用，可以在第一次迭代过程中计算出，也可以取曲波系数总数的百分比所对应的值；σ 为数据中的噪声参数。

以下算法给出了线性 Bregman 算法求解非均匀曲波变换过程的伪代码。

```
1: 输入观测数据 y，阈值 λ
2: x₀←0，z₀←0
3: for  k=0, 1, …K
4:     z_{k+1}=z_k-t_k A_k^H Π_σ (A_k x_k-y_k)
5:     x_{k+1}=S_λ (z_{k+1})
6: end for
```

投影函数 $\Pi_\sigma(\boldsymbol{A}_k\boldsymbol{x}_k - \boldsymbol{y}_k)$ 为

$$\Pi_\sigma(\boldsymbol{A}_k\boldsymbol{x}_k - \boldsymbol{y}_k) = \max\{0,\ 1 - \sigma/\parallel\boldsymbol{A}_k\boldsymbol{x}_k - \boldsymbol{y}_k\parallel\}\cdot(\boldsymbol{A}_k\boldsymbol{x}_k - \boldsymbol{y}_k) \tag{6.11}$$

式（6.11）用来处理数据中的噪声，动态步长 t_k 被定义为

$$t_k = \parallel\boldsymbol{A}_k\boldsymbol{x}_k - \boldsymbol{y}\parallel_2^2/\parallel\boldsymbol{A}_k^*(\boldsymbol{A}_k\boldsymbol{x}_k - \boldsymbol{y})\parallel_2^2 \tag{6.12}$$

该算法中的软阈值函数为

$$S_\lambda = \mathrm{sign}(x)\cdot\max(\mid x\mid - \lambda,\ 0) \tag{6.13}$$

可以看出线性 Bregman 算法只有两行程序，且不需要太多的调节参数，因此实现非常简单，得到了较广泛的应用。

在采用线性 Bregman 算法求解式（6.9）得到均匀曲波系数后，重建后的地震波场 $\tilde{\boldsymbol{d}}$ 可以通过式（6.14）得到：

$$\tilde{\boldsymbol{d}} = \boldsymbol{C}_\mathrm{U}^\mathrm{H}\tilde{\boldsymbol{x}} \tag{6.14}$$

式中，$\boldsymbol{C}_\mathrm{U}^\mathrm{H}$ 为常规二维曲波反变换算子；$\tilde{\boldsymbol{x}}$ 为均匀曲波系数。

6.3　二维非均匀数值模拟算例

6.3.1　规则化重建

图 6.1（a）为采用 50Hz 雷克子波合成的 256 道二维理论地震记录，该记录总共有 4 层地震反射波，每一层反射波能量有所差异，采样间隔为 1ms，道距为 5m，每道 1024 个采样点。为了显示同相轴局部特征，将图 6.1（a）局部放大，放大结果如图 6.2（a）所示。首先为了得到非均匀采样地震数据，对理论数据进行均匀傅里叶变换，然后再进行非均匀傅里叶反变换，得到新的空间非均匀采样下的 256 道地震数据，如图 6.1（b）所示，对应的信噪比为 11.49dB，此时图 6.1（b）名义上的道距还是 5m，但每道地震数据道距极不均匀，其中最小道距接近 0m，最大道距接近 10m，其局部放大如图 6.2（c）所示。显然，将非均匀采样下地震数据在均匀采样网格上进行显示，则连续的地震波场将会被破坏，如果不进行处理，直接采用常规方法进行重建则会造成较大的误差，为此本章采用二维非均匀曲波变换进行重建。该处重建的含义为将非均匀采样数据归位为均匀采样地震数据，前后道数一样。重建后的道距仍然为 5m，重建结果如图 6.1（c）所示，重建后信噪比为 45.17dB，局部显示如图 6.2（e）所示，显然可以看出地震波场连续性显著提高，扭曲的同相轴得到了校正，图 6.1（d）为其与理论地震数据的误差剖面图，可以看出本章方法重建后的地震记录与原始记录非常接近，几乎没有视觉上的差异，误差几乎可以忽略不计，重建后信噪比非常高。为了进一步从 f–k 域了解重建前后的振幅信息，图 6.2（b）、（d）、（f）分别为重建前后的振幅谱，从中也可以看到非均匀采样所引起的人工假频干扰得到了校正，使重建前后的能量几乎无损失，表明基于非均匀曲波变换的重建方法精度高，重建前后保真度较好。

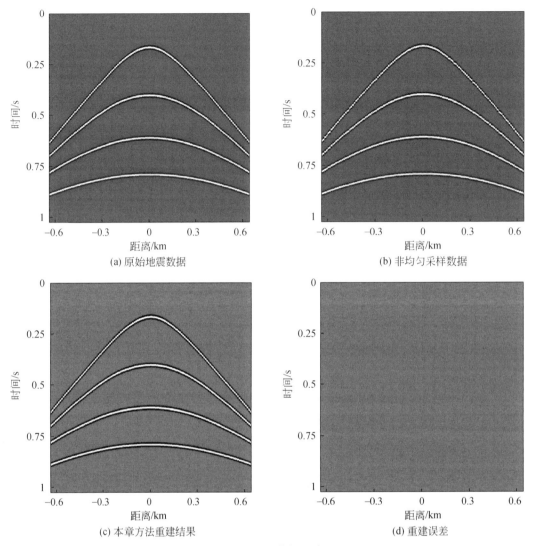

图 6.1　理论地震数据重建过程

6.3.2　随机欠采样重建

为了检验本章方法在非均匀采样下不规则缺失道重建效果，对非均匀采样数据［图 6.1（b）］进行 50% 随机欠采样，如图 6.3（a）所示，此时信噪比为 2.74dB。名义上的道距为 10m，但沿检波器方向的空间采样间隔极不均匀，其道距范围在 0~25m，同相轴的连续性被破坏，需要对其进行重建。为了对比，首先采用第 5 章基于非均匀傅里叶变换的方法进行重建，最低速度设置为 1050m/s，重建后的道距为 5m，重建结果如图 6.4（a）所示，重建后的信噪比为 10.34dB，图 6.4（c）为其局部放大，图 6.4（e）为重建结果与原始理论数据的误差剖面，可以看出尽管该方法能够在一定程度上重建出 50% 缺失

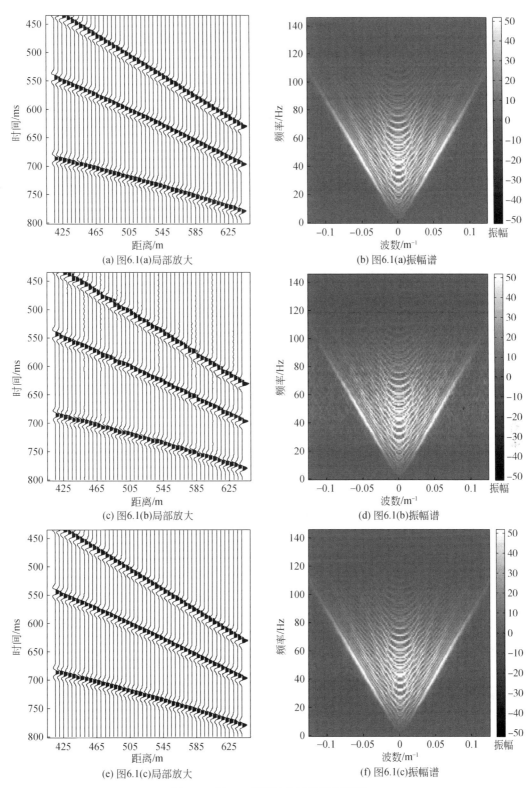

(a) 图6.1(a)局部放大　　　　　　　(b) 图6.1(a)振幅谱

(c) 图6.1(b)局部放大　　　　　　　(d) 图6.1(b)振幅谱

(e) 图6.1(c)局部放大　　　　　　　(f) 图6.1(c)振幅谱

图 6.2　图 6.1 局部放大显示及振幅谱

道信息，但是重建效果相对较差，信噪比低。然后采用本章方法进行重建，重建结果如图
6.4（b）所示，重建后的信噪比为 17.92dB，图 6.4（d）为其局部放大，图 6.4（f）为
其与理论地震数据的误差剖面，可以看出重建后的地震波场连续性显著提高，误差较小。
从局部放大图也可以看出本章方法效果更优，重建后同相轴更连续，能量损失较少。从中
也可以说明傅里叶变换是全局变换，不能反映出地震波同相轴的局部特征，并且受频带范
围和最小速度的影响，重建误差相对较大。而本章非均匀曲波变换方法则不受这些条件的
影响，能够更有效地捕捉地震波前特征，从而使重建效果更佳。

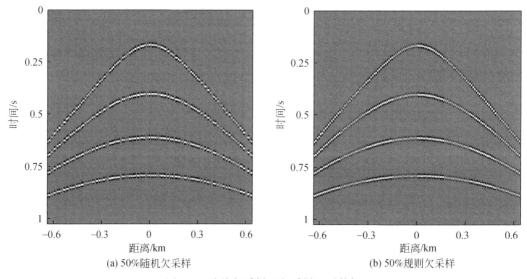

(a) 50%随机欠采样　　　　　　　　　　　　　(b) 50%规则欠采样

图 6.3　非均匀采样下欠采样地震数据

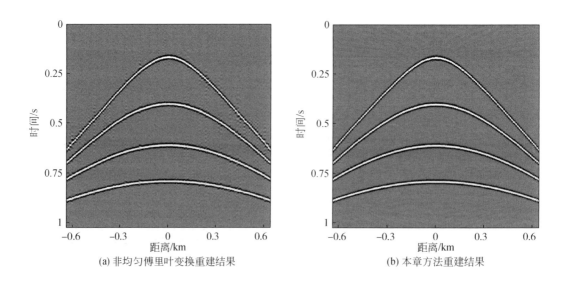

(a) 非均匀傅里叶变换重建结果　　　　　　　　　　(b) 本章方法重建结果

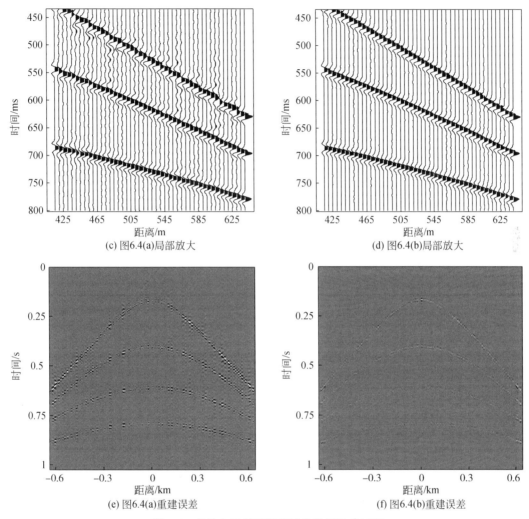

(c) 图6.4(a)局部放大　　　　　　(d) 图6.4(b)局部放大

(e) 图6.4(a)重建误差　　　　　　(f) 图6.4(b)重建误差

图 6.4　非均匀采样下随机缺失数据重建过程

6.3.3　规则欠采样重建

为了进一步检验本章方法的反假频能力，对原始非均匀采样地震记录 ［图 6.1（b）］
进行 50% 规则欠采样，规则欠采样结果如图 6.3（b）所示，对应的信噪比为 2.73dB，规
则欠采样会在频率域产生与原始信号相同的假频能量，从而导致许多常规重建方法失效，
所以需要采用非均匀抗假频重建方法进行处理。同样先采用基于非均匀傅里叶变换的方法
进行重建，重建后的道距为 5m，重建结果如图 6.5（a）所示，重建后信噪比为 9.86dB，
图 6.5（c）为其局部放大，图 6.5（e）为其误差剖面图，可以看出缺失的地震道得到了
一定程度上的恢复，但是重建后的误差相对较大，同相轴相对不连续，说明该方法抗假频
能力差。然后采用本章方法进行抗假频重建，重建结果如图 6.5（b）所示，重建后的信
噪比为 16.45dB，图 6.5（d）为其局部放大，图 6.5（f）为其与理论地震数据的误差剖面，

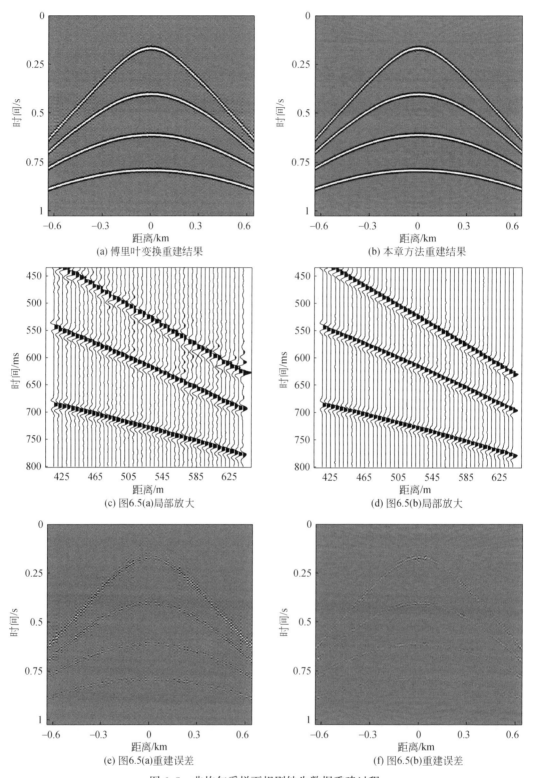

(a) 傅里叶变换重建结果　　　　　　　　　　　　(b) 本章方法重建结果

(c) 图6.5(a)局部放大　　　　　　　　　　　　　(d) 图6.5(b)局部放大

(e) 图6.5(a)重建误差　　　　　　　　　　　　　(f) 图6.5(b)重建误差

图 6.5　非均匀采样下规则缺失数据重建过程

可以看出重建后的地震波场连续性显著提高，误差较小，从而也表明本章方法不受信号带宽限制，具有较强的反假频能力，能够进行非均匀采样下的不规则和规则缺失地震数据重建。

　　为了从频率域中比较本章方法与传统非均匀傅里叶变换重建方法的效果，图 6.6 为随机欠采样和规则欠采样下这两种方法各自重建结果的振幅谱，从中也可以看出本章方法重建后振幅谱与原始信号振幅谱最为接近，能量损失较小，不存在随机噪声背景干扰，因此，重建后的频率域特征进一步表明本章方法的优越性。

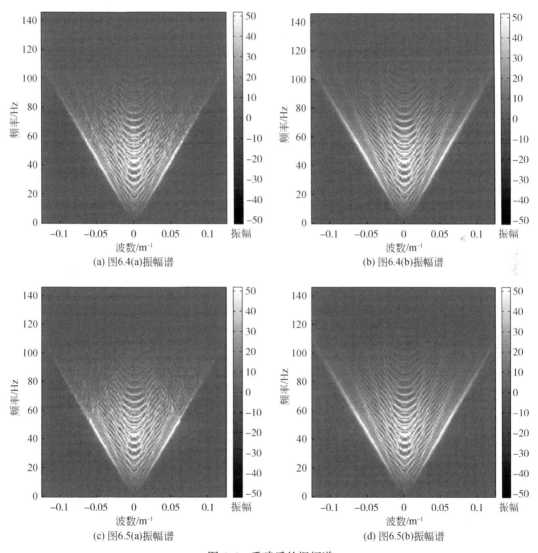

(a) 图6.4(a)振幅谱　　　　　　　　(b) 图6.4(b)振幅谱

(c) 图6.5(a)振幅谱　　　　　　　　(d) 图6.5(b)振幅谱

图 6.6　重建后的振幅谱

6.3.4　含噪地震数据重建

由于野外地震数据都含有噪声，需要进一步检验本章方法的抗噪声重建能力。为此，对图 6.1（a）加入高斯随机噪声，如图 6.7（a）所示，然后采用非均匀傅里叶变换方法得到新的 256 道非均匀含噪地震数据，并且对其随机采样得到相同位置的 128 道非均匀含噪地震数据，如图 6.7（b）所示，再采用本章方法进行重建，其重建结果如图 6.7（c）所示，图 6.7（d）为重建结果与原始含噪地震数据误差图，可以看出尽管非均匀地震数据含有不同程度的噪声，但从重建后的结果来看，缺失的含噪地震波同相轴得到了恢复，整个波场较为连续、光滑，且重建前后的有效波能量损失较少，表明缺失道信号恢复效果较好，从而也说明该方法具有良好的抗噪声重建能力，完全能够应用于复杂地区实际资料的重建处理中。

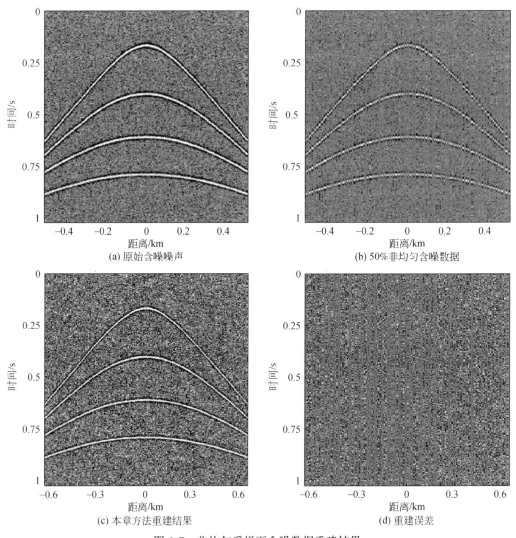

图 6.7　非均匀采样下含噪数据重建结果

6.4　三维非均匀数值模拟算例

6.4.1　采样方法

众所周知，不同的采样方法对重建结果具有不同的影响，为了阐述该重建方法在不同采样下的有效性，本章首先阐述在野外地震勘探过程中会遇到的采样方式。

图 6.8（a）为满足尼奎斯特采样定理所进行的二维空间理想采样示意图，纵横坐标表示检波器和炮点距离，道距为 12m，然而由于野外障碍物或者复杂地形条件的存在，在野外很难做到规则采样，大部分情况下都会随机缺失部分地震道，为此对图 6.8（a）进行 50% 随机采样，结果如图 6.8（b）所示，该随机采样则可以将较高幅值的互相干假频转化成易于滤除的不相干噪声，从而将数据重建转换为一个简单的阈值去噪问题。图 6.8（c）为约 55% 规则欠采样，该采样沿着炮点方向或者检波点方向每两排炮点或者检波点就缺失一排。由于规则欠采样所引起的假频与真实频谱相似，这种情况下许多稀疏促进重建方法可能失效。前几种采样方式的前提是均匀网格采样，但由于地形条件的复杂性以及海洋拖缆羽状漂移，很难保证全部为均匀采样。考虑到在现实中大部分采样都是在非均匀网格下进行的，如图 6.8（d）所示，对于这种非均匀采样，沿着检波器或者炮点方向相邻连续的地震道最大距离是 24m，最小距离为 0m。图 6.8（e）为非均匀采样下 50% 随机欠采样，沿着检波器和炮点方向相邻连续的道距范围为 0 ~ 84m，而这种方式在野外较为常见。为了更加强调本章方法的抗假频能力，本节进行了按照图 6.8（c）的采样方式对图 6.8（d）进行二维规则欠采样，如图 6.8（f）所示。实际上，在野外数据采集过程中，均匀网格和非均匀网格下的随机欠采样和规则欠采样会相互伴随发生，从而导致很多传统重建算法都无能为力，而本章提出的基于非均匀曲波变换的重建方法则能重建出这种非均匀采样地震缺失道，并且可以高精度地将其归位到如图 6.8（a）所示的均匀采样网格位置。

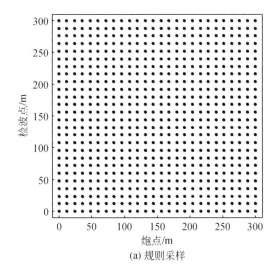

(a) 规则采样

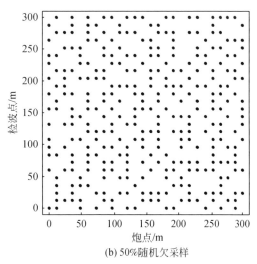

(b) 50%随机欠采样

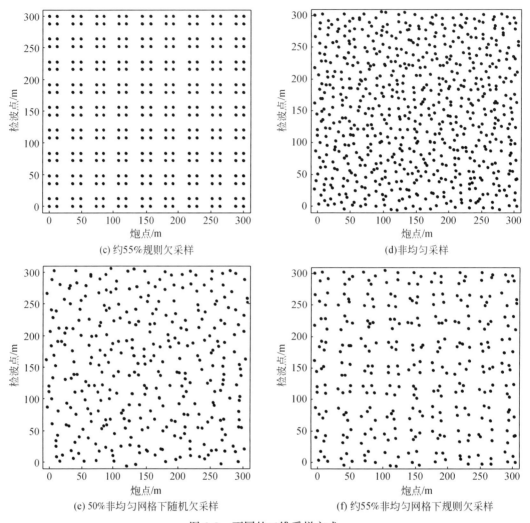

(c) 约55%规则欠采样

(d)非均匀采样

(e) 50%非均匀网格下随机欠采样

(f) 约55%非均匀网格下规则欠采样

图 6.8　不同的二维采样方式

6.4.2　三维数据规则化重建

　　图 6.9（a）是原始理论三维地震记录，其中该地震记录下第 128 炮道集的二维振幅谱如图 6.10（a）所示，由于时间方向不需要重建，本节对沿着炮点和检波点方向的时间切片进行二维傅里叶变换，然后设置炮点或检波点距离在 12±6m 以内，再进行二维非均匀傅里叶反变换，从而可以得到非均匀理论地震记录，如图 6.9（b）所示，图 6.10（c）为该非均匀理论记录二维振幅谱。在这种情况下，连续地震道最大距离为 24m，最小距离为 0m。显然，当非均匀网格数据在均匀网格上进行显示时，沿着地震波前连续性被破坏了，地震波的真实位置被扭曲了，从而导致该地震记录的信噪比为 6.47dB，而且从振幅谱图上可以看出，不规则记录位置的地震数据会产生频谱泄露，给数据重建带来影响。然

后采用本章提出的方法对其进行规则化重建，输出 12m×12m 的均匀采样网格，结果如图 6.9（c）所示，重建后的信噪比为 42.33dB。重建后的二维振幅谱如图 6.10（e）所示。图 6.9（d）为重建结果误差，可以看出不连续的地震同相轴变得更加连续了，误差较小，为了进一步比较，将图 6.9（a）～（c）第 128 炮道集的早期近道信号进行局部放大，放大如图 6.10（b）、（d）、（f）所示，可以很清楚地看到扭曲的地震同相轴被校正归位了，连续性较好、误差小，说明本章提出的重建方法效果良好。

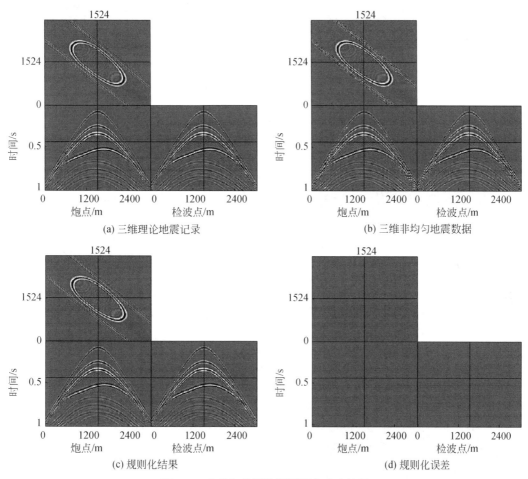

图 6.9　非均匀采样数据规则化重建结果

　　为了显示非均匀采样数据的重建效果，对图 6.9（b）进行了 50% 随机欠采样，如图 6.11（a）所示，信噪比为 2.15dB，其相应的振幅谱如图 6.12（a）所示。从振幅谱上可以看出，随机欠采样将相干假频转换为不相干的随机噪声，并且由非均匀采样产生的人工假频也存在，从而使振幅谱非常复杂。并且也对图 6.9（b）进行规则欠采样，结果如图 6.11（b）所示，信噪比为 1.72dB，大约缺失 55% 地震道。图 6.12（b）是相应的振幅谱，可以看出规则欠采样会产生像原始信号分量一样的假频，假频能量掩盖了真实信号能量，因此，为了达到满意的重建效果，必须去除假频干扰。事实上，图 6.9（a）、（b）和

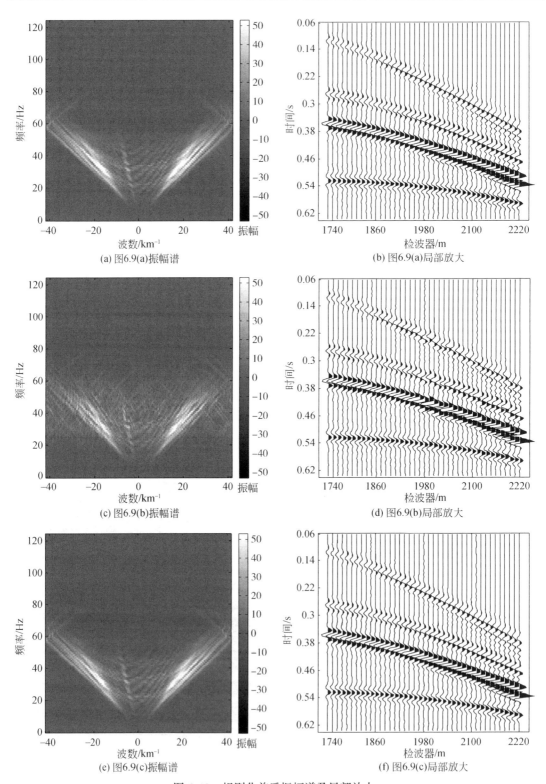

(a) 图6.9(a)振幅谱

(b) 图6.9(a)局部放大

(c) 图6.9(b)振幅谱

(d) 图6.9(b)局部放大

(e) 图6.9(c)振幅谱

(f) 图6.9(c)局部放大

图 6.10　规则化前后振幅谱及局部放大

图 6.11（a）、（b）时间切片局部采样点显示分别如图 6.8（a）和图 6.8（d）~（f）所示。对于非均匀采样且带有缺失道的假频地震数据，很多传统方法都不能有效地重建。然而我们可以采用本章提出的方法来进行重建，并且没有像傅里叶变换方法一样要求有最小速度的限制条件，而且也不需要近似线性同相轴或者平稳信号的假设条件，同时为了强调线性 Bregman 算法的优势，在相同的计算资源下与常规谱梯度投影算法进行比较，并且重建过程依然是依次对沿着炮点和检波点方向的时间切片进行处理。

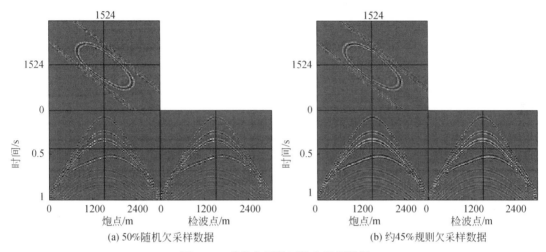

(a) 50%随机欠采样数据　　　　　　　　(b) 约45%规则欠采样数据

图 6.11　非均匀网格下缺失地震数据

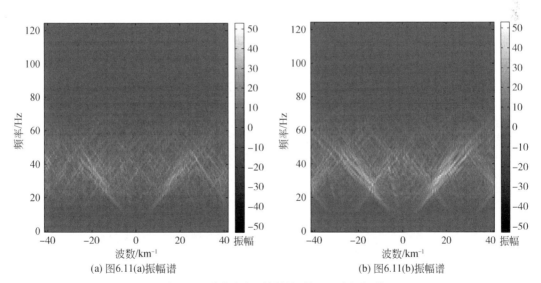

(a) 图6.11(a)振幅谱　　　　　　　　(b) 图6.11(b)振幅谱

图 6.12　非均匀欠采样数据第 128 炮振幅谱

6.4.3　三维数据随机欠采样重建

为了对比，首先对随机欠采样的非均匀地震数据采用传统基于反泄露傅里叶变换重建方法进行处理（Xu *et al.* 2010），为了取得较好的效果，时空窗口设置为 21 道 × 300ms，图 6.13（a）为重建结果，相应的信噪比为 16.22dB，图 6.13（b）为其重建误差，由此可见，尽管传统基于反泄露傅里叶变换重建方法能够有效地处理非均匀数据重建，但对于非线性同相轴的地震数据则重建误差较大，导致同相轴不连续。为此，再采用基于非均匀曲波变换和谱梯度投影的重建方法进行缺失道信息恢复，重建后的采样网格为 12m×12m。为了对比后续重建效果，对谱梯度投影算法和线性 Bregman 算法都分别选择了最佳的参数。图 6.13（c）是谱梯度投影算法重建结果，相应的信噪比为 18.73dB，图 6.13（d）为谱梯度投影算法重建误差，总体来看，重建后的结果相对较为精确，也达到了可以接受的效果，尽管如此，图中局部位置仍然有相对较大的误差。为此，在相同的计算时间下，再利用线性 Bregman 算法来重建缺失道信息，采用迭代次数为 50 次，重建结果如图 6.14（a）所示，信噪比为 21.54dB，图 6.14（b）为其误差剖面。可以看出，尽管原始非均匀地震数据具有 50% 随机缺失道，三种方法重建后的结果都可靠，误差相对较小，信噪比较高。但是通过重建后的振幅谱以及局部放大显示比较得知（图 6.15），基于非均匀曲波变换方法比基于非均匀傅里叶变换方法效果更好，信噪比大幅度提高。同时在都采用非均匀曲波变换方法时，由线性 Bregman 算法重建后的同相轴比谱梯度投影算法更加连续，而且从重建后的振幅谱来看，线性 Bregman 算法重建后的振幅谱更加接近于原始信号振幅谱，并且对有效波几乎没有什么损失。因此，相对简单的线性 Bregman 算法重建效果比谱梯度投影算法更加精确有效。这些结果也说明了在曲波变换域正确处理这些非均匀系数的重要性。

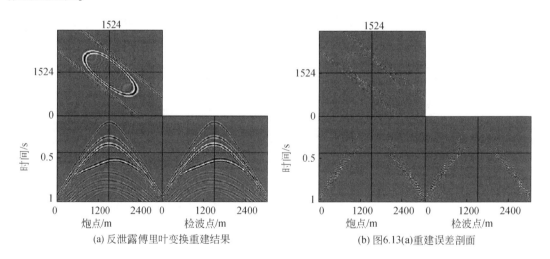

(a) 反泄露傅里叶变换重建结果　　　　　　　　(b) 图6.13(a)重建误差剖面

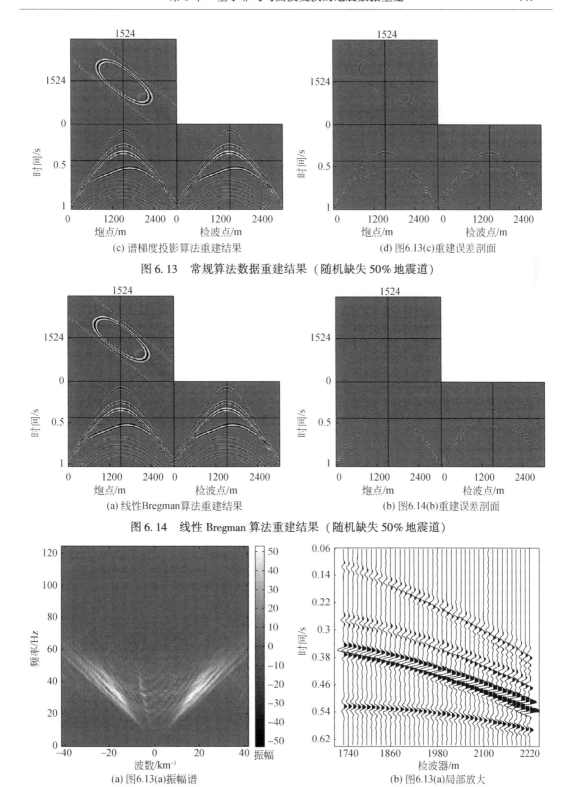

(c) 谱梯度投影算法重建结果

(d) 图6.13(c)重建误差剖面

图 6.13 常规算法数据重建结果（随机缺失 50% 地震道）

(a) 线性Bregman算法重建结果

(b) 图6.14(b)重建误差剖面

图 6.14 线性 Bregman 算法重建结果（随机缺失 50% 地震道）

(a) 图6.13(a)振幅谱

(b) 图6.13(a)局部放大

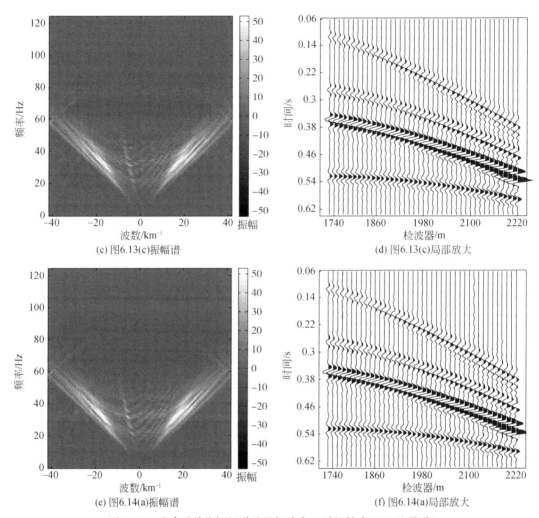

(c) 图6.13(c)振幅谱

(d) 图6.13(c)局部放大

(e) 图6.14(a)振幅谱

(f) 图6.14(a)局部放大

图 6.15　重建后单炮振幅谱及局部放大（随机缺失50%地震道）

6.4.4　三维数据规则欠采样重建

　　然后为了进一步证实提出方法的反假频能力，用该方法重建非均匀下规则欠采样数据，且重建后的采样网格仍然是 12m×12m。首先还是采用基于反泄露傅里叶变换方法，重建参数与之前随机欠采样重建一致，图 6.16（a）是该方法重建结果，重建后信噪比为15.41dB，图 6.16（b）为其重建误差，可以看出缺失道信息得到了一定程度的重建，但是重建精度仍然不够。为此，再采用谱梯度投影算法进行重建，图 6.16（c）是谱梯度投影算法的重建结果，信噪比为17.29dB。图 6.16（d）为其重建误差，可以看出，规则缺失道已经被恢复了，而且扭曲的同相轴得到了校正。然而在局部有效波同相轴上，误差仍然较大，从而导致了相对较低的信噪比。为了提高重建后的信噪比，需要采用更加有效的重建方法，图 6.17（a）为线性 Bregman 算法重建结果，相应的信噪比为 19.85dB，

图 6.17（b）是误差剖面图。可以看出尽管非均匀地震数据存在约 55% 规则缺失道，这三种算法都能够较好地去除假频干扰和扭曲现象。但是从各种方法重建后的振幅谱和局部放大显示（图 6.18）来看，在重构非均匀采样下的规则缺失数据方面，依然是非均匀曲波变换方法比非均匀傅里叶变换更具有优势，重建后的信噪比有大幅度提高，但当都采用非均匀曲波变换作为稀疏基时，可以看出线性 Bregman 算法优于谱梯度投影算法，而且线性 Bregman 算法重建后的振幅谱更接近于原始振幅谱。同时，在非均匀采样下规则缺失道上的重建数值实例进一步表明了本章所提方法具有较强的抗假频干扰能力，能够处理野外缺失较为严重的假频干扰数据。

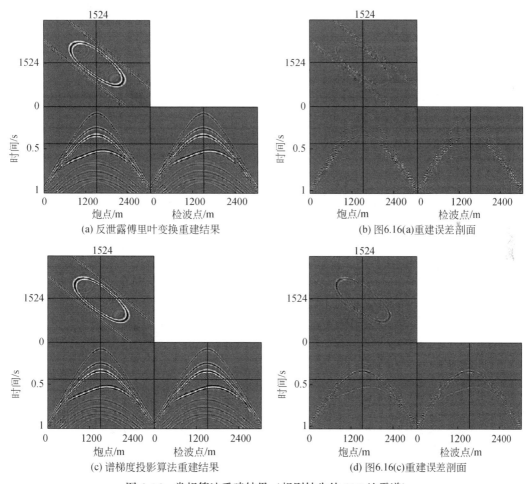

(a) 反泄露傅里叶变换重建结果

(b) 图6.16(a)重建误差剖面

(c) 谱梯度投影算法重建结果

(d) 图6.16(c)重建误差剖面

图 6.16　常规算法重建结果（规则缺失约 55% 地震道）

6.4.5　不同采样网格重建

三维理论数据的空间采样网格为 12m×12m，采样点仍然较为稀疏，尽管可以成功地重建出非均匀采样网格下的缺失道地震数据，但该理论数据仍然在 60Hz 以上存在空间假

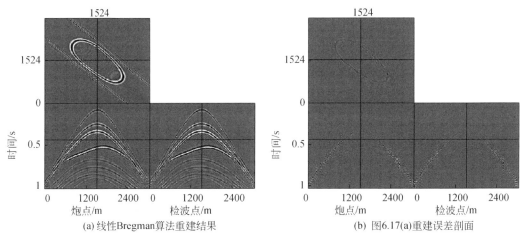

(a) 线性Bregman算法重建结果　　　　　　　　(b) 图6.17(a)重建误差剖面

图 6.17　线性 Bregman 算法重建结果（规则缺失约 55% 地震道）

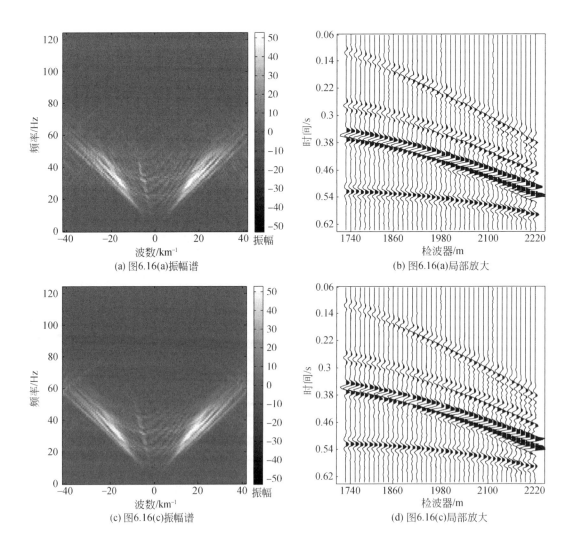

(a) 图6.16(a)振幅谱　　　　　　　　　　(b) 图6.16(a)局部放大

(c) 图6.16(c)振幅谱　　　　　　　　　　(d) 图6.16(c)局部放大

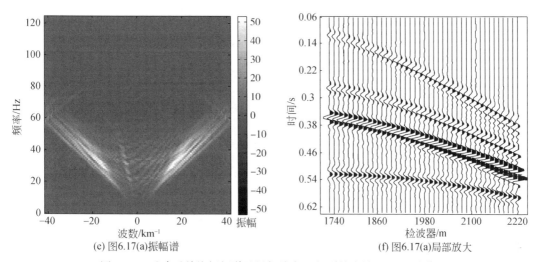

(e) 图6.17(a)振幅谱　　　　　　　　(f) 图6.17(a)局部放大

图 6.18 重建后单炮振幅谱及局部放大（规则缺失约 45% 地震道）

频（图 6.15）。为了进一步消除假频干扰，需要对该理论数据进行重采样，得到更密集的
地震数据，所以对 50% 随机欠采样后的数据 ［图 6.11（a）］进行重建，得到 300 道 ×
300 道新地震道，采样网格为 10m × 10m。重建后的地震道数约为原始地震道数的 2.75
倍，可见重建后的数据采样更为密集。图 6.19（a）为采用谱梯度投影算法重建结果，图
6.20（a）为其重建后的振幅谱。图 6.19（b）为线性 Bregman 算法重建后的结果，图
6.20（b）为其重建后的振幅谱，可以看出重建后的地震波前非常连续，60Hz 以上的假频
能量被去除了，由于重建后的数据比原始数据更为密集，重建后的分辨率得到了较大的提
高，为了更详细地显示出局部信息，特意将重建后的地震数据局部放大显示，如图 6.21
所示，可以看出这两种方法重建效果总体都能够达到预期目的，但相对来讲，线性
Bregman 算法重建后的同相轴比谱梯度投影算法更连续，而且从重建后的振幅谱来看，线
性 Bregman 算法重建后的有效波能量更为集中，假频能量压制得更为彻底。这些数值实例

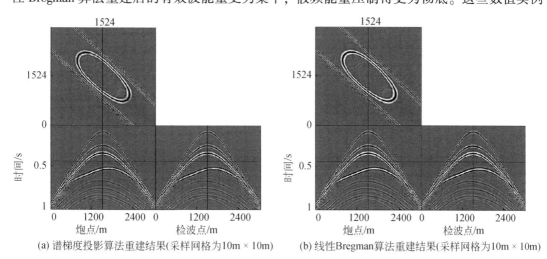

(a) 谱梯度投影算法重建结果(采样网格为10m × 10m)　　(b) 线性Bregman算法重建结果(采样网格为10m × 10m)

图 6.19 不同算法重建结果

也更进一步证明了本章所提出的基于非均匀曲波变换的重建方法具有较强的反假频能力。

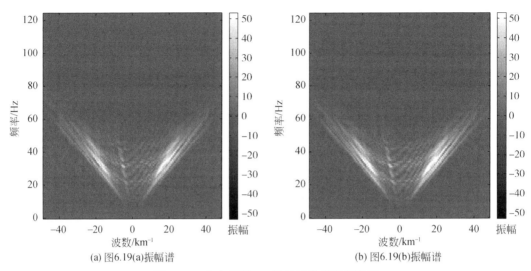

(a) 图6.19(a)振幅谱　　　　　　　　　　(b) 图6.19(b)振幅谱

图 6.20　重建后第 150 炮地震数据振幅谱图

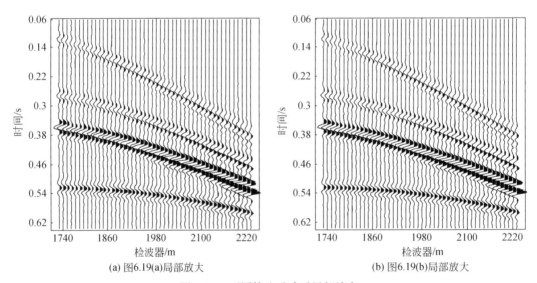

(a) 图6.19(a)局部放大　　　　　　　　　　(b) 图6.19(b)局部放大

图 6.21　不同算法重建后局部放大

6.5　应用实例分析

6.5.1　二维地震数据重建

图 6.22（a）为随机缺失 30 道的野外地震数据，该地震数据道距 25m，采样率 4ms，

180 道接收。图 6.23（a）为其二维振幅谱分析，可以看出在 40Hz 左右出现假频，说明该地震记录道距过大，数据空间采样较为稀疏，严重影响到后续资料的处理。为此，利用本章非均匀曲波变换方法进行重建，不需要最低速度的假设条件，而且为了消除假频干扰，设置重建后输出道距约为 15m，共 300 道地震记录，重建结果如图 6.22（b）所示，图 6.23（b）为其二维振幅谱分析图，从中可以看出本章方法重建效果较好，重建后的地震波同相轴非常连续，并且由于重建后的道距变小，采样道数增多，因此消除了假频干扰，提高了原始数据的信噪比，为后续的其他处理方法提供了较好的地震资料。为了详细显示其重建效果，图 6.24 为重建前后局部放大图，局部放大位置为图 6.22（a）中的 71～109道，时间为 0.78～1.46s，由于重建前道距为 25m，重建后道距 15m，因此图 6.22（a）中的 71～109 道近似对应图 6.24（b）中的 116～181 道，从局部放大显示图中也可以看出，本章非均匀曲波变换方法重建后的地震波同相轴更连续光滑、清晰，缺失地震道也得到了有效的恢复，提高了视觉分辨率。

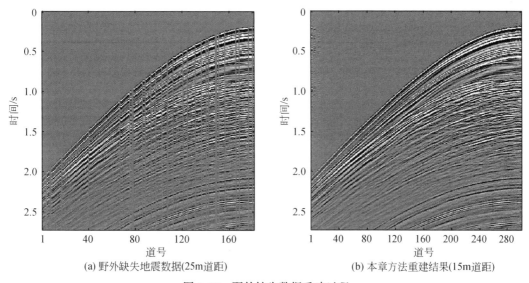

(a) 野外缺失地震数据(25m道距)　　　　　　　(b) 本章方法重建结果(15m道距)

图 6.22　野外缺失数据重建过程

6.5.2　三维地震数据重建

为了进一步证明本章方法在实际三维数据体中的处理效果，将本章方法应用于野外三维地震数据体。为了减少运算时间，截取了中间 173 道×173 道×2s 的数据进行处理，图 6.25（a）表示时间切片为 1.2s 处的野外三维数据体，共炮点距离为 2100m，共检波点距离为 2400m，采样网格为 25m×25m，然后对该地震数据体随机缺失 30% 地震道，缺失后的地震数据如图 6.25（b）所示，然后利用本章方法依次对所有时间切片进行单独重建，不需要最低速度的假设条件，也没有频带宽度的限制，而且为了消除假频干扰，设置重建后输出网格为 20m ×20m，输出的地震数据体为 216 道×216 道×2s，重建后的数据量大约是重建前数据量的 2.2 倍。首先采用谱梯度投影方法进行重建，重建结果如图 6.25（c）

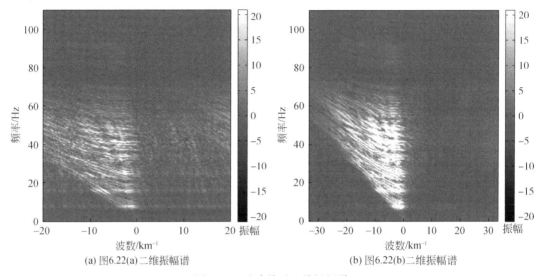

(a) 图6.22(a)二维振幅谱　　　　　　　(b) 图6.22(b)二维振幅谱

图 6.23　重建前后二维振幅谱

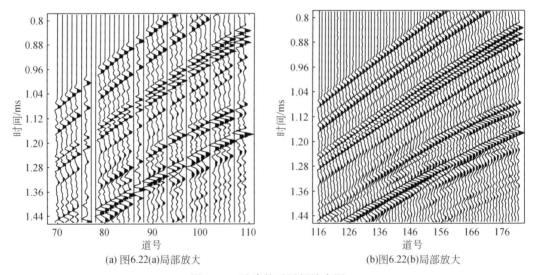

(a) 图6.22(a)局部放大　　　　　　　(b)图6.22(b)局部放大

图 6.24　重建前后局部放大图

所示。图 6.25（d）为线性 Bregman 算法重建结果。从图 6.25（c）和图 6.25（d）可以看出两种方法都将缺失道精确地恢复出来了，并且重建后的地震波同相轴更连续、光滑。同时重建后的采样网格更密集，使分辨率显著增加了，但相对来讲，线性 Bregman 算法重建结果比谱梯度投影算法效果更好。

　　由于重建前后的采样网格分别为 25m×25m 和 20m×20m，经过计算得知，重建前后有44 道×44 道数据位置相同，即沿着炮点或检波点方向采样网格为 100m×100 m 的位置相同，为了更详细地比较重建结果，特意将重建前后相同位置的地震道抽取出来对比，如图6.26 所示。其中图 6.26（a）为从原始地震数据抽取出来的时间切片，图 6.26（b）为从

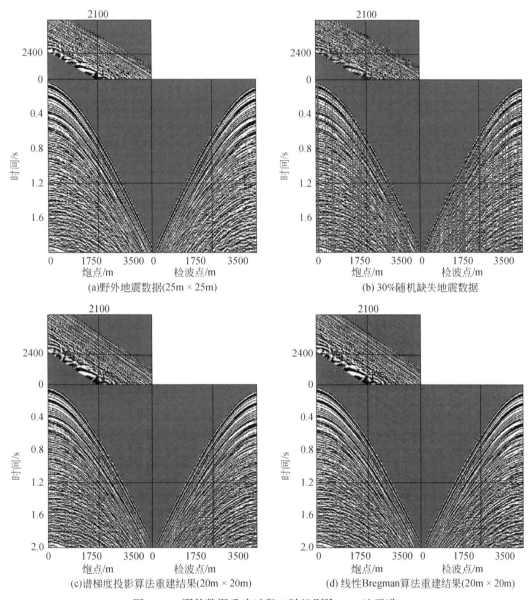

(a)野外地震数据(25m × 25m)

(b) 30%随机缺失地震数据

(c)谱梯度投影算法重建结果(20m × 20m)

(d) 线性Bregman算法重建结果(20m × 20m)

图 6.25　野外数据重建过程（随机剔除 30% 地震道）

不规则缺失道数据抽取出来的时间切片，图 6.26（c）和图 6.26（d）分别表示从图 6.25（c）和图 6.25（d）抽取出来的时间切片。其信噪比分别为 12.19dB 和 14.11dB，它们的误差剖面如图 6.26（e）、（f）所示。可以看出，不规则缺失道得到了有效的重建，然而将这两种方法进行比较会发现，线性 Bregman 算法重建后的误差小于谱梯度投影算法，并且重建后的同相轴更为连续。对于有些误差较大的地震道，一个原因是该道周围存在较多的缺失道，没有足够的已知信息进行重建。

　　为了更进一步对比本章方法效果，特意对该 44 道×44 道地震记录随机抽出重建前后单道地震记录进行对比，如图 6.27 所示。其中图 6.27（a）～（c）分别表示 $X_s = 2000$m、

$X_r = 1000\text{m}$；$X_s = 2700\text{m}$、$X_r = 2600\text{m}$，以及 $X_s = 4200\text{m}$、$X_r = 4100\text{m}$ 的 3 道单炮记录，该 3 道地震记录在重建前都属于缺失地震数据，并且在每个子图中，第 1 道表示原始地震数据，第 2 道表示谱梯度投影重建后的数据，第 3 道表示线性 Bregman 算法重建后的数据，第 4 道和第 5 道分别表示第 2 道和第 3 道地震记录的重建误差。从图 6.27 可以进一步观测到，线性 Bregman 算法重建后的误差较小，能够得到满意的重建效果，几乎与原始数据一致，而谱梯度投影算法则相对欠佳。因此，基于以上的研究结果可以推断，在重建非均匀采样下的不规则缺失地震数据方面，基于线性 Bregman 算法和非均匀曲波变换的重建方法效果更为显著，而且理论和实际数据重建后的信噪比也表明了该方法的有效性。

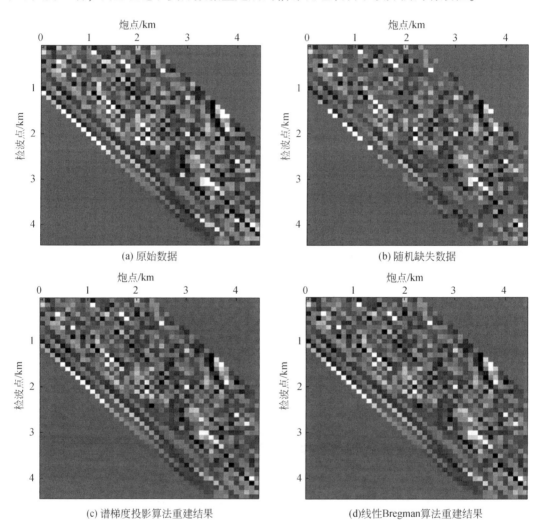

(a) 原始数据　　　　　　　　　　　　　(b) 随机缺失数据

(c) 谱梯度投影算法重建结果　　　　　　　(d) 线性Bregman算法重建结果

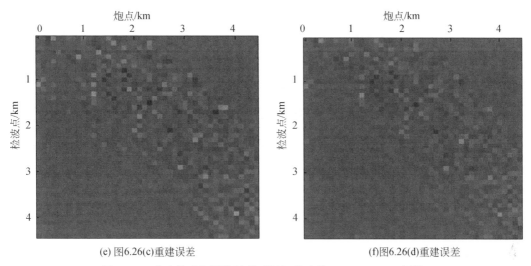

(e) 图6.26(c)重建误差　　　　　　　　(f)图6.26(d)重建误差

图 6.26　重建前后相同位置的时间切片比较（100m×100m 网格）

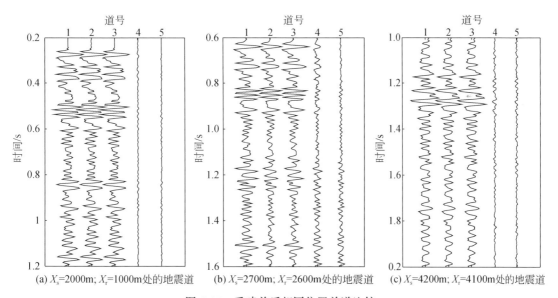

(a) X_s=2000m; X_r=1000m处的地震道　　(b) X_s=2700m; X_r=2600m处的地震道　　(c) X_s=4200m; X_r=4100m处的地震道

图 6.27　重建前后相同位置单道比较

在每个子图中，第 1 道表示原始地震数据，第 2 道表示谱梯度投影算法重建数据，第 3 道表示线性 Bregman 算法重
建数据，第 4 道和第 5 道表示第 2 道和第 3 道的误差

第7章 地震数据同时重建和噪声压制

在第3～第6章的研究中，主要提出了均匀和非均匀采样下不规则地震数据重建方法。但由于野外采集到的地震数据常常受到高频随机噪声干扰的影响，降低了地震记录的信噪比，影响到数据重建方法的效果，造成缺失道不能充分重建或者重建后精度较低，严重影响到信号的准确成像和波场归位，这就需要在数据重建过程中对随机干扰噪声进行适当压制（Trickett，2003；Chen and Sacchi，2015；Liu *et al.*，2015a；Chen *et al.*，2016b；Huang *et al.*，2017；张华等，2017b）。尽管部分学者提出了同时数据重建和噪声压制的方法（Oropeza and Sacchi，2011；Kreimer and Sacchi，2012；Ely *et al.*，2015），然而大部分有效的压制噪声方法与数据重建方法仍然都是单独分开进行处理，缺少能够同时进行地震数据重建和噪声压制的方法。为此本章选用多尺度多方向的二维曲波变换进行去噪，引入加权因子策略以及结合POCS算法实现一种同时进行地震数据重建和噪声压制方法，并且在此基础上，采用非均匀曲波变换对非均匀地震数据进行重建和噪声压制，提高地震数据信噪比。

7.1 均匀采样数据重建和去噪

7.1.1 问题陈述

地震数据的重建问题可以用如下线性正演模型［式（7.1）］描述：

$$y_{obs} = Md + n \tag{7.1}$$

式中，$y_{obs} \in R^n$，为采集的地震数据；d 为待重建的无假频数据；n 为随机白噪声；$M \in R^{n \times N}$ 为对角矩阵，其元素 1 和 0 分别表示已知地震道和未知地震道。假设稀疏系数 x 是 d 在曲波域 C 中的稀疏表示，则式（7.1）可以写为

$$y_{obs} = Md + n = MC^{-1}x + n = Ax + n \tag{7.2}$$

式中，$A = MC^{-1}$，称为测量矩阵，式（7.2）的解可由以下优化问题得到：

$$\min J(x) = \frac{1}{2} \parallel Ax - y_{obs} \parallel_2^2 + \lambda R(x) \tag{7.3}$$

式中，λ 为用来平衡拟合误差项和 x 稀疏性约束项的正则化参数，$R(x)$ 是关于 x 的规则化算子，是对解的稀疏性描述。主要采用POCS算法进行重建，该算法的迭代表达式为

$$u^k = y_{obs} + [I - M]C^T T_k C u^{k-1}, \quad k = 1, 2, \cdots, N \tag{7.4}$$

式中，u^k 为第 k 次迭代得到的三维重建数据；u^0 为原始采集到数据，满足 $u^0 = y_{obs}$，C 和 C^T 为关于二维曲波正反变换；$T_k(t, x, y)$ 表示阈值算子。

然而对于式（7.4）而言，每次迭代过程中，被重新置入的原始地震数据都含有噪声

干扰，为了在数据重建的同时进行噪声压制，需要采用加权 POCS 算法，利用加权后的采样数据和加权后的迭代解来构造新的迭代解（Yang *et al.*，2012），其中加权因子是关键，为此定义：

$$\min J(x) = \frac{a}{2} \parallel \boldsymbol{Ax} - \boldsymbol{y}_{\text{obs}} \parallel_2^2 + \lambda \parallel \boldsymbol{x} \parallel_0 \tag{7.5}$$

式中，a 为加权因子，$0 < a \leqslant 1$，令 $f(x) = \frac{a}{2} \parallel \boldsymbol{Ax} - \boldsymbol{y}_{\text{obs}} \parallel_2^2$，则根据梯度最速下降法，式（7.5）的阈值迭代公式为（Daubechies *et al.*，2004）

$$\boldsymbol{x}^k = \boldsymbol{T}_k(\boldsymbol{x}^{k-1} - \nabla f(\boldsymbol{x}^{k-1}) = \boldsymbol{T}_k(\boldsymbol{x}^{k-1} - a\boldsymbol{A}^{\text{T}}(\boldsymbol{Ax}^{k-1} - \boldsymbol{y}_{\text{obs}})) \tag{7.6}$$

由于 $\boldsymbol{M}$ 为对角矩阵，满足 $\boldsymbol{M}^{\text{T}} = \boldsymbol{M} = \boldsymbol{M}^2$ 以及 $\boldsymbol{My}_{\text{obs}} = \boldsymbol{M}^2\boldsymbol{d} = \boldsymbol{y}_{\text{obs}}$，对式（7.6）两边乘以 $\boldsymbol{C}^{\text{T}}$，并且定义 $\boldsymbol{d}^k = \boldsymbol{C}^{\text{T}}\boldsymbol{x}^k$，可得

$$\begin{aligned}
\boldsymbol{d}^k &= \boldsymbol{C}^{\text{T}}\boldsymbol{T}_k(\boldsymbol{x}^{k-1} - a(\boldsymbol{MC}^{\text{T}})^{\text{T}}(\boldsymbol{Md}^{k-1} - \boldsymbol{y}_{\text{obs}})) \\
&= \boldsymbol{C}^{\text{T}}\boldsymbol{T}_k(\boldsymbol{Cd}^{k-1} - a(\boldsymbol{MC}^{\text{T}})^{\text{T}}(\boldsymbol{Md}^{k-1} - \boldsymbol{y}_{\text{obs}})) \\
&= \boldsymbol{C}^{\text{T}}\boldsymbol{T}_k(\boldsymbol{Cd}^{k-1} - a\boldsymbol{C}(\boldsymbol{M}^{\text{T}}\boldsymbol{Md}^{k-1} - \boldsymbol{M}^{\text{T}}\boldsymbol{y}_{\text{obs}})) \\
&= \boldsymbol{C}^{\text{T}}\boldsymbol{T}_k(\boldsymbol{C}(\boldsymbol{d}^{k-1} + a\boldsymbol{y}_{\text{obs}} - a\boldsymbol{Md}^{k-1}) \\
&= \boldsymbol{C}^{\text{T}}\boldsymbol{T}_k(\boldsymbol{C}(a\boldsymbol{y}_{\text{obs}} + (\boldsymbol{I} - a\boldsymbol{M})\boldsymbol{d}^{k-1}))
\end{aligned} \tag{7.7}$$

定义 $\boldsymbol{u}^{k-1} = a\boldsymbol{y}_{\text{obs}} + (\boldsymbol{I} - a\boldsymbol{M})\boldsymbol{d}^{k-1}$，则式（7.7）可变为

$$\boldsymbol{d}^k = \boldsymbol{C}^{\text{T}}\boldsymbol{T}_k(\boldsymbol{C}(\boldsymbol{u}^{k-1})) \tag{7.8}$$

因此，

$$\begin{aligned}
\boldsymbol{u}^k &= a\boldsymbol{y}_{\text{obs}} + (\boldsymbol{I} - a\boldsymbol{M})\boldsymbol{d}^k \\
&= a\boldsymbol{y}_{\text{obs}} + (\boldsymbol{I} - a\boldsymbol{M})\boldsymbol{C}^{\text{T}}\boldsymbol{T}_k(\boldsymbol{C}(\boldsymbol{u}^{k-1}))
\end{aligned} \tag{7.9}$$

这就是加权 POCS 算法的迭代公式，因此，基于曲波变换和 POCS 算法进行同时数据重建和噪声压制的迭代表达式为

$$\boldsymbol{u}^k = a\boldsymbol{y}_{\text{obs}} + [\boldsymbol{I} - a\boldsymbol{M}]\boldsymbol{C}^{\text{T}}\boldsymbol{T}_k\boldsymbol{Cu}^{k-1}, \quad k = 1, 2, \cdots, N \tag{7.10}$$

式中，$\boldsymbol{u}_0 = \boldsymbol{y}_{\text{obs}}$，如果 $a = 1$，则式（7.10）变成了常规 POCS 算法，此时原始含噪地震数据中的噪声被全部带入重建后的地震数据中，使该过程中只能进行数据重建，不能进行噪声压制。而使用加权因子后，则含噪地震数据部分噪声能量被带入重建后的地震数据中，并且随着迭代次数的增加，噪声能量越来越小，最终可以起到压制噪声的目的，但加权因子太小，则噪声压制太强，从而会损伤一部分有效波系数，因此不同的含噪地震数据，其加权因子的选择不一样，与噪声能量的强度有关。

7.1.2　二维数值模型

首先对理论模型数据［4.6（a）］加入一定的高斯白噪声，如图 7.1（a）所示，然后对其进行 50% 随机欠采样，欠采样结果如图 7.1（b）所示，先采用本章方法单独进行重建，重建结果如图 7.1（c）所示，缺失道信息得到了有效的恢复，同相轴更加连续了。然后对其进行单独去噪，去噪结果如图 7.1（d）所示，可以看出噪声得到了较好的压制，地震剖面的信噪比得到较大的提高。

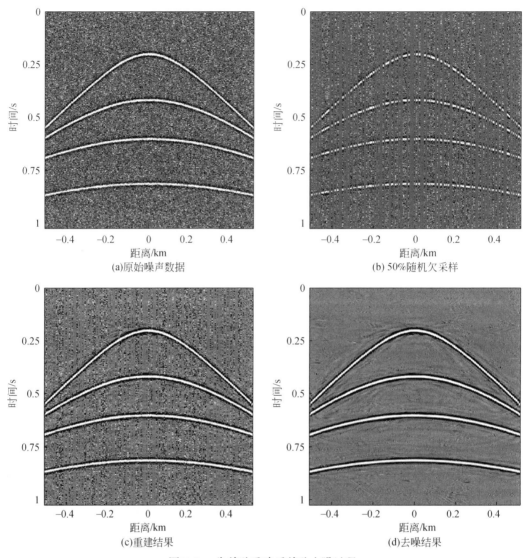

(a)原始噪声数据　　　　　　　　　　　　(b) 50%随机欠采样

(c)重建结果　　　　　　　　　　　　　　(d)去噪结果

图 7.1　　先单独重建后单独去噪过程

　　然而以上数据重建和去噪是分开进行，没有得到有效的统一，为此利用本章方法进行同时重建和噪声压制，选择加权因子为 0.4，同时重建和去噪的结果如图 7.2（a）所示，与原始含噪地震记录的误差如图 7.2（b）所示，可以看出本章方法能够在重建出缺失道信息的基础上也能够有效地压制噪声，并且对有效波信号损伤相对较小，满足后续其他处理方法的需要。同时为了对比，也采用了小波变换作为稀疏基进行同时重建和噪声压制，图 7.2（c）为其处理结果，图 7.2（d）为其误差剖面，可以看出小波变换不能有效地恢复全部缺失道信息，也不能对噪声进行彻底压制，处理后的结果误差较大，信噪比仍然较低。图 7.3 为重建前后振幅谱，从中也可以看出本章方法重建后的振幅与原始数据振幅比较接近，而且去除的噪声也彻底，而小波变换方法的处理效果则达不到该效果。

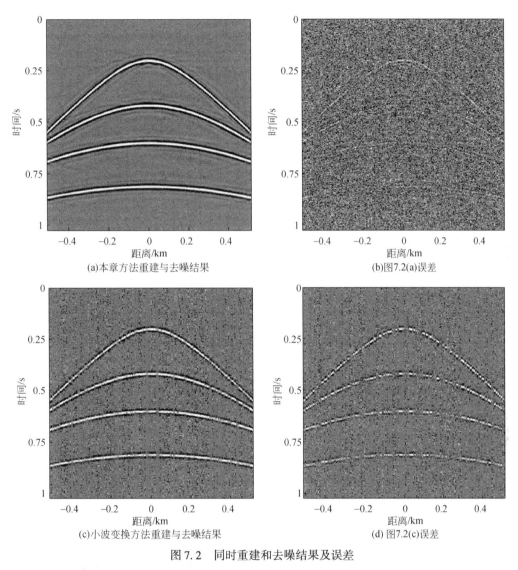

(a)本章方法重建与去噪结果

(b)图7.2(a)误差

(c)小波变换方法重建与去噪结果

(d) 图7.2(c)误差

图 7.2　同时重建和去噪结果及误差

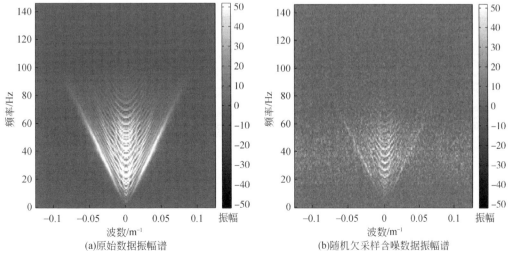

(a)原始数据振幅谱

(b)随机欠采样含噪数据振幅谱

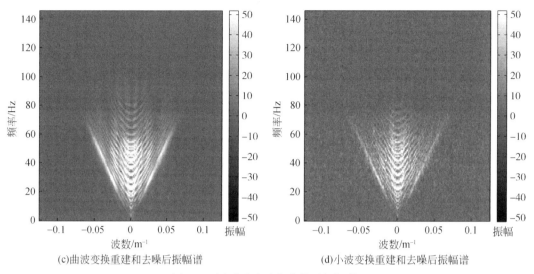

(c)曲波变换重建和去噪后振幅谱　　　　　　　　　　(d)小波变换重建和去噪后振幅谱

图 7.3　同时重建及去噪前后振幅谱

7.1.3　应用实例分析

　　为了进一步检验本章方法同时数据重建和噪声压制的效果，将本章方法应用于野外地震数据的重建和去噪处理，图 7.4（a）为对原始野外数据［图 3.22（a）］进行 50% 随机采样的某单炮地震数据，可以看出随机噪声较为发育，掩盖了部分有效波同相轴能量，从而使信噪比较低，必须及时处理。选用 $a=0.4$，采用本章方法进行同时重建和噪声压制处理，处理结果如图 7.4（b）所示，可以看出缺失地震道得到了较好的恢复，并且对噪声

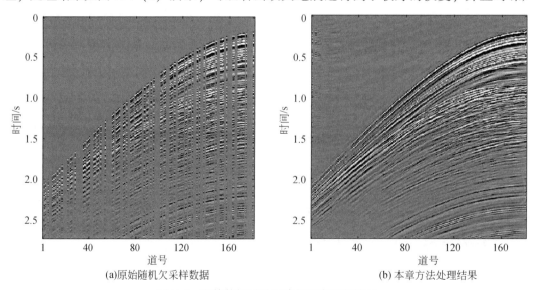

(a)原始随机欠采样数据　　　　　　　　　　　　　(b) 本章方法处理结果

图 7.4　野外数据同时重建与噪声压制结果

进行了有效的压制，使整个同相轴较为连续、清晰，几乎没有损失有效波。图 7.5（a）、（b）为原始数据和处理之后数据所对应的二维振幅谱分析图，图 7.5（c）、（d）为其局部放大显示，从中也可以看出本章方法在缺失道得到有效恢复的同时噪声去除也相对更彻底，对有效波的损伤也较少，大幅度地提高了信噪比，尽管如此，当地震道连续缺失较多时，恢复效果不佳，需要发展高维同时数据重建与噪声压制方法，从另外一个空间方向对连续缺失道进行重建。

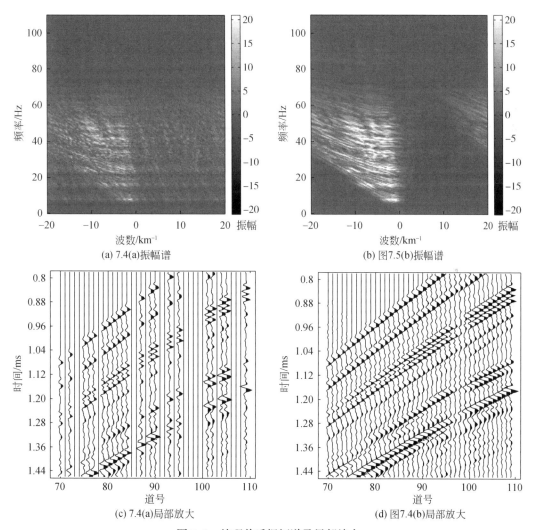

图 7.5　处理前后振幅谱及局部放大

7.1.4　三维数值模型

在三维地震数据体中，基于曲波变换的三维地震数据同时重建和噪声压制方法流程如图 7.6 所示。该流程最关键的部分应为设置恰当的加权因子，这对于同时重建与噪声压制至关重要，同时该方法在去噪过程中，阈值的选择还是依靠经验公式进行，并通过调试得到最佳效果。

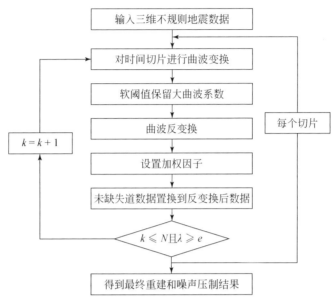

图7.6　同时重建与噪声压制流程图

　　首先对理论地震数据进行加入一定的随机噪声，模拟野外噪声干扰数据，如图7.7（a）所示，然后对其进行50%二维随机欠采样，图7.7（b）为欠采样结果，然后对其进行数据重建与噪声压制处理，曲波变换所选择的尺度数为6，在第二个最粗尺度上的角度数为8。在数据重建过程中，每次迭代过程中只对时间切片进行处理，从而在运算过程中降低数据重建的维数，节省内存空间。图7.7（c）为单独的三维地震数据重建结果，可以看出重建效果较好，同相轴较为连续，但是对噪声干扰没有任何压制，重建后的信噪比为6.09dB，此时相当于加权因子 $a=1$。为了对比同时数据重建与噪声压制的效果，对重建后的含噪数据［图7.7（c）］进行基于曲波变换的三维阈值迭代法单独噪声压制，去噪结果如图7.8（a）所示，图7.8（b）表示去除的噪声，可以看出去噪效果较好，随机噪声去除相对干净彻底，去噪后同相轴非常连续，与原始数据较为吻合，信噪比为13.94dB，但是以上数据重建与噪声压制都是分步进行处理，没有同时进行处理。

　　为此，利用本章方法进行同时数据重建与噪声压制，选择加权因子 $a=0.4$，处理结果如图7.9（a）所示，图7.9（b）表示去除的随机噪声，可以看出尽管缺失50%地震道，但由于采取了多尺度多方向曲波变换并且充分利用二维空间信息进行重建，因此重建后同相轴非常连续，噪声干扰也得到了充分压制，信噪比为14.22dB，处理后的效果几乎与先重建后噪声压制的效果相同，从而也说明基于曲波变换的三维地震数据同时重建与噪声压制方法的优越性。为了进一步对比其效果，也采用基于傅里叶变换的三维地震数据同时重建与噪声压制，其结果如图7.9（c）所示，处理后信噪比为8.94dB，图7.9（d）表示去除的随机噪声，可以看出采用傅里叶变换同时进行数据重建和噪声压制效果相对较差，其原因是傅里叶变换为全局变换，不能反映地震波的局部特征。图7.10为同时重建和噪声

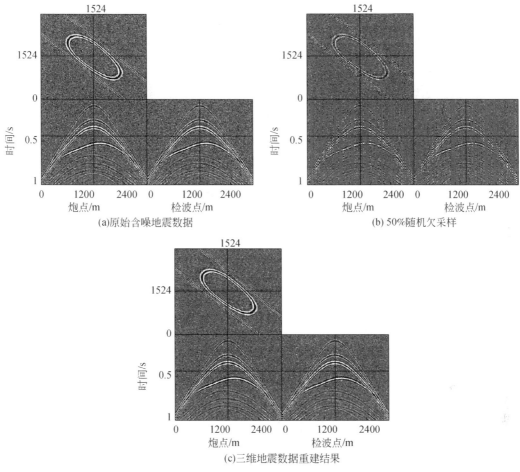

(a)原始含噪地震数据　　　　　　　　　(b) 50%随机欠采样

(c)三维地震数据重建结果

图 7.7　单独三维地震数据重建过程

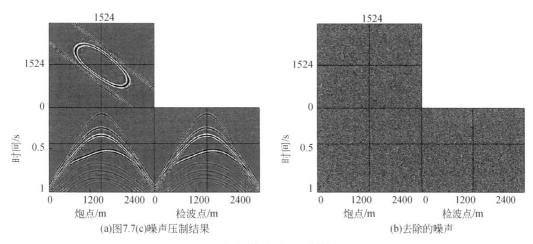

(a)图7.7(c)噪声压制结果　　　　　　　　(b)去除的噪声

图 7.8　阈值法噪声压制结果

压制前后第128炮振幅谱，从中也可以看出，本章方法去除噪声相对彻底，并且对有效波能量损失较小，而傅里叶变换方法则去除不彻底、误差大，其效果明显较差，这也说明本章方法在同时进行三维地震数据重建和噪声压制方面效果显著，能够应用于实际资料处理。

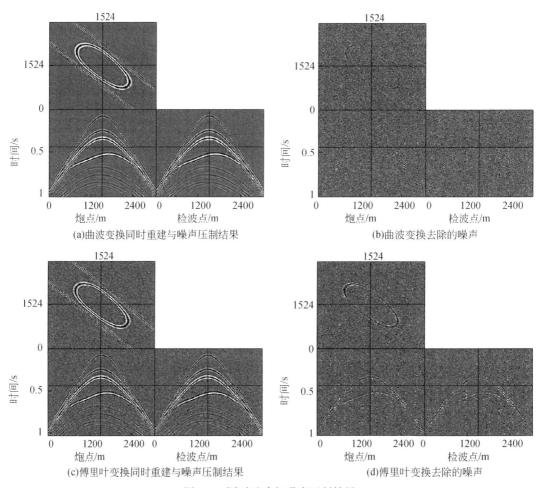

图7.9　同时重建与噪声压制结果

7.1.5　应用实例分析

为了进一步检验本章方法同时重建和噪声压制的效果，将本章方法应用于野外三维地震数据体的同时重建和噪声压制处理，并将其与傅里叶变换方法进行对比，从而体现出本章方法的优越性。图7.11（a）为野外三维地震数据体，图7.11（b）为对野外地震记录进行50%二维随机欠采样，而后选用$a=0.35$，采用本章方法进行同时重建和噪声压制处理，处理结果如图7.11（c）所示，可以看出缺失地震道得到了较好的恢复，并且对噪声进行了有效的压制，使整个同相轴较为连续、清晰，几乎没有损伤有效波，重建后信噪比

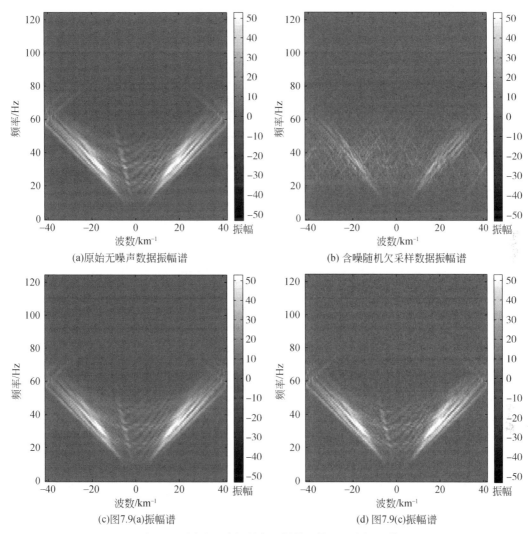

(a)原始无噪声数据振幅谱　　　　　　　　(b) 含噪随机欠采样数据振幅谱

(c)图7.9(a)振幅谱　　　　　　　　　　(d) 图7.9(c)振幅谱

图 7.10　同时重建与噪声压制前后第 128 炮振幅谱

为 11.03dB。图 7.11（d）为采用傅里叶变换方法进行同时重建和噪声压制结果，处理后信噪比为 8.24dB，尽管缺失道得到了有效的恢复，但是重建效果相对较差，能量损失较多，同时噪声也没有得到充分压制。为了进一步显示同时重建与噪声压制的效果，特意将图 7.11 所对应的第 101 炮记录局部放大，放大的效果如图 7.12 所示，图 7.13 为图 7.12 对应的单炮二维振幅谱分析，从中也可以看出基于傅里叶变换方法的同时重建和噪声压制后的同相轴相对不连续，噪声去除也不彻底，而本章方法在缺失道得到有效恢复的同时噪声去除也相对更彻底，对有效波的损伤也较少，大幅度地提高了信噪比，满足后续其他处理方法的要求。

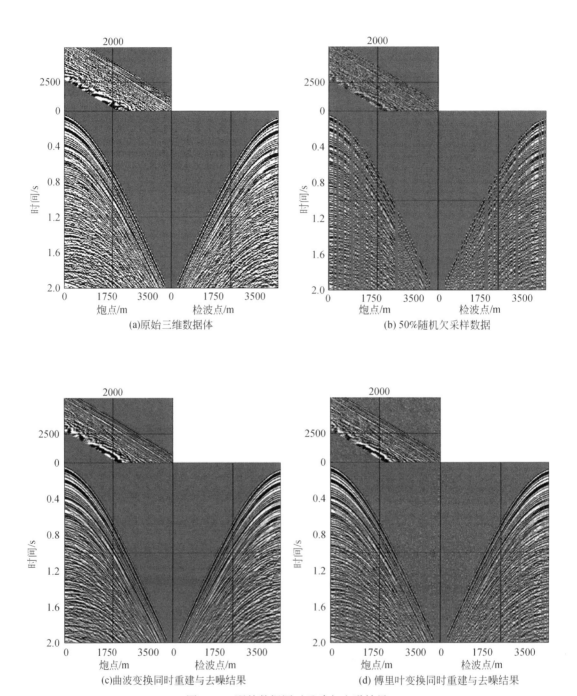

(a)原始三维数据体　　　　　　　　　　(b) 50%随机欠采样数据

(c)曲波变换同时重建与去噪结果　　　　(d) 傅里叶变换同时重建与去噪结果

图 7.11　野外数据同时重建与去噪结果

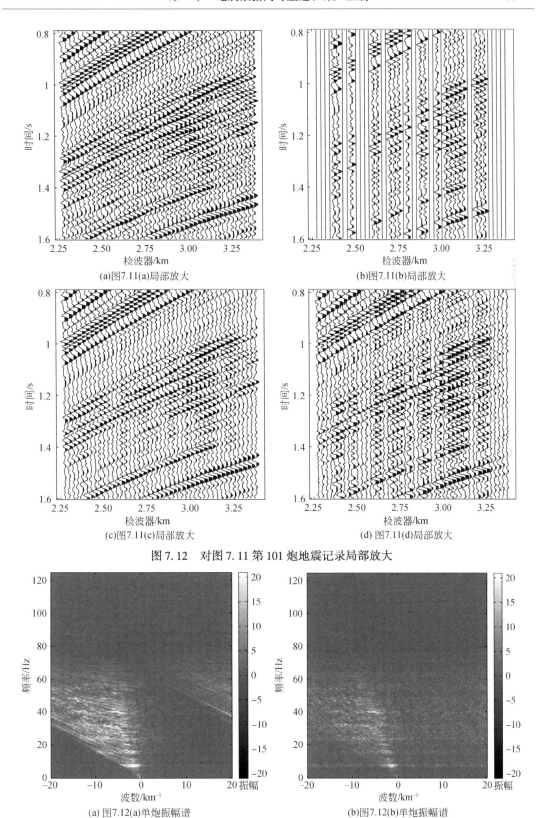

(a)图7.11(a)局部放大　　　　　　　　　　(b)图7.11(b)局部放大

(c)图7.11(c)局部放大　　　　　　　　　　(d) 图7.11(d)局部放大

图 7.12　对图 7.11 第 101 炮地震记录局部放大

(a) 图7.12(a)单炮振幅谱　　　　　　　　　(b)图7.12(b)单炮振幅谱

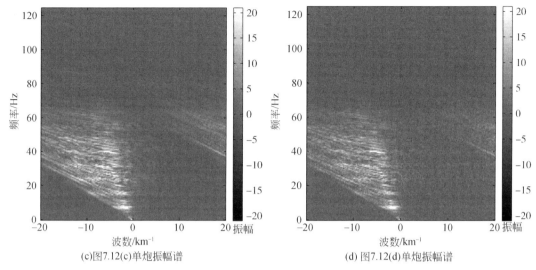

(c)图7.12(c)单炮振幅谱　　　　　　　　　(d) 图7.12(d)单炮振幅谱

图 7.13　图 7.12 对应的单炮振幅谱图

7.2　非均匀采样数据重建与去噪

对于地震数据去噪，目前使用最多的一类去噪方法就是基于某种稀疏变换，如傅里叶变换（何旭莉等，2010）、τ-p 变换（宋维琪、刘太伟，2015）、小波变换（张华等，2011；Zhou et al.，2017）、曲波变换（Neelamani et al.，2008；张淑婷等，2015）、Seislet 变换（Liu et al.，2015b）、拉冬变换（Ibrahim and Sacchi，2014）、Contourlets 变换（Do and Vetterli，2005b）、Shearlets 变换（Labate et al.，2005），以及数据驱动（Julián and Danilo，2016）等。该类去噪方法主要是根据随机噪声和有效波在稀疏变换域中的能量分配不同，然后对稀疏系数采用适当的阈值将随机噪声去除。为了取得较好的去噪效果，稀疏基需要尽可能地捕获地震波前信息，并且少数较大的稀疏系数能够代表信号的主要特征，而大部分较小的被滤除的系数不影响原始数据的主要特征。尽管上述稀疏变换方法都能够有效地压制噪声，但去噪的前提条件是要求地震数据为均匀网格采样，而对于非均匀网格采样的含噪地震数据则去噪效果不佳，为此，本章在此基础上，针对野外非均匀随机噪声数据，采用非均匀曲波变换方法，对各个尺度曲波系数都选取一个合适的局部阈值因子，通过分尺度硬阈值处理，得到各尺度下的有效波曲波系数，最后再进行常规曲波反变换，从而形成基于非均匀曲波变换的二维地震数据去噪方法。通过与传统曲波变换和小波变换方法的比较表明：本章所提方法对非均匀网格采样下的随机噪声压制效果显著，最大程度地减少了有效波的损伤。

7.2.1　二维非均匀地震数值模拟去噪

本章设计并实现了基于非均匀曲波变换的噪声压制步骤，如图 7.14 所示，其去噪过程主要有三步：

（1）非均匀地震信号的规则化。选择合适的非均匀曲波变换参数，将含噪数据进行二维非均匀曲波变换规则化处理，得到各尺度含噪均匀曲波系数，这些系数中少量较大曲波系数能够代表信号本身，而大部分较小值曲波系数则表示高频随机噪声干扰。

（2）对各尺度均匀曲波系数进行分尺度阈值处理。由于地震数据结构相对复杂，噪声分布与相应的尺度有关，阈值因子的选取直接影响到噪声压制效果，而全局阈值因子会导致一些细节特征丢失，从而使边缘不光滑，损失部分有效信息。因此需要选择与尺度有关的阈值因子，以反映含噪曲波系数在不同尺度上的不同特征，更好地进行去噪工作。

（3）常规二维曲波反变换。根据经过阈值处理后的各尺度有效波曲波系数分量，进行地震信号的曲波反变换，从而得到了本章非均匀曲波变换去噪后的地震数据。

图7.14　非均匀曲波变换噪声压制流程

图7.15（a）为理论合成的256道地震数据，该记录总共有4层地震反射波，每一层反射波能量有所差异，采样间隔为1ms，道距为5m，每道1024个采样点。对其加入标准差为0.05的高斯白噪声，如图7.15（b）所示，信噪比为−10.21dB。对含噪数据空间域进行均匀傅里叶变换，然后再进行空间非均匀傅里叶反变换，得到新的空间非均匀采样下的256道地震数据，如图7.15（c）所示，信噪比为−10.49dB。尽管图7.15（c）名义上的道距还是5m，但每道地震数据道距不均匀，其相邻道距范围为0~10m。图7.15（d）为非均匀含噪地震数据与均匀含噪数据的误差剖面，显然，如果将非均匀采样下地震数据在均匀采样网格上进行显示，连续的地震波场则会被破坏，如图7.17（b）、（c）所示，而常规去噪方法的前提条件是均匀采样网格，如果直接对图7.15（c）进行去噪，则扭曲的同相轴得不到校正，导致去噪后的地震记录误差较大。为此采用本章方法进行去噪，首先对其进行规则化处理，该处规则化表示将非均匀采样数据归位为均匀采样地震数据。在规则化过程中，曲波变换所选择的尺度数为6，在第二个最粗尺度上的角度数为16。规则化结果如图7.15（e）所示，可以看见规则化后的地震波场非常连续，几乎没有视觉上的差异，并且从误差剖面图［图7.15（f）］也可以看出规则化前后几乎没有误差。从而证明非均匀曲波正反变换方法不仅具有能量无损性质，而且具有常规曲波变换的优势，能够反映出地震波场的局部细节特征。

为了对比本章方法在非均匀采样下的地震数据去噪能力，首先采用常规曲波变换方法对原始非均匀含噪数据［图7.15（c）］直接进行去噪，由于含噪地震数据结构复杂，阈值因子的选取与分解的尺度有关系，单一的全局阈值因子去噪会导致一些细节特征没有得到较好的保持，损失了部分有效波系数。因此，本章尝试选用与尺度有关的局部阈值因子，以反映地震数据在不同尺度上的不同特征。通过各尺度曲波系数振幅得知，尺度1~尺度6含有不同程度的噪声，分别对各尺度进行硬阈值处理，将保留下来的曲波系数进行曲波反变换，从而得到最终的去噪结果，如图7.16（a）所示，信噪比为8.90dB，图7.16（b）为去除的噪声干扰，可以看出，在去除的噪声剖面中含有部分有效波信号，其

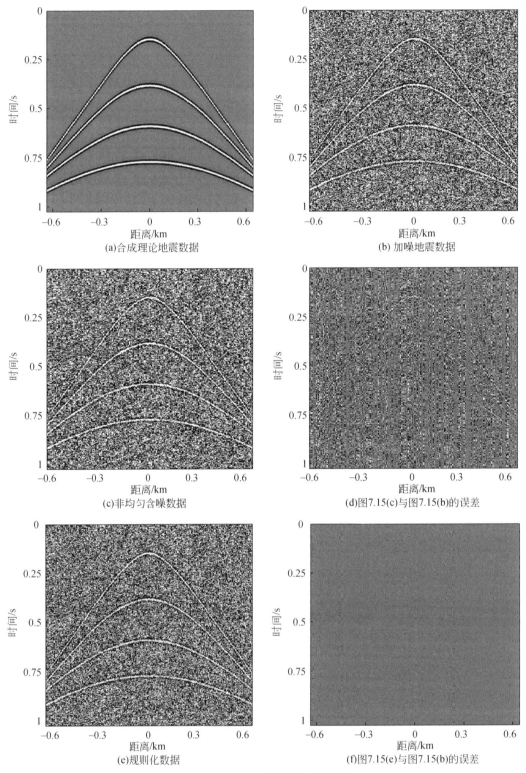

图 7.15　理论地震数据规则化过程

主要原因是非均匀采样数据在均匀网格上进行显示，扭曲了地震信号的真实记录位置，而常规曲波变换不能直接处理非均匀采样数据，从而导致去噪不彻底，损失了部分有效波。同时为了对比本章方法在规则化后对含噪地震数据的去噪效果，先采用小波变换对规则化后的数据［图 7.15（e）］进行去噪，选用 bior2.4 小波基，去噪结果如图 7.16（c）所示，信噪比为 5.07dB，其去除的噪声剖面如图 7.16（d）所示，可以看出去噪后地震剖面含有部分噪声干扰，并且在去除的噪声剖面中也含部分有效波，去噪效果达不到预期要求。最后采用本章方法进行去噪，去噪结果如图 7.16（e）所示，信噪比为 11.30dB，其去除的噪声剖面如图 7.16（f）所示，可以看出，本章方法不仅可以将非均匀采样地震数据归为均匀采样数据，并且可以有效地去除随机噪声干扰，使去噪后的地震反射波同相轴更加连续、清晰，大幅度地提高了信噪比，且去除的噪声剖面上也几乎不含有效波能量，表明非均匀曲波变换方法具有较好的去噪效果。实际上本章的非均匀曲波变换去噪过程可以在规则化反演过程中设置阈值同时进行重建和噪声压制，上述分开进行处理是为了更好地理解该方法的实现过程。

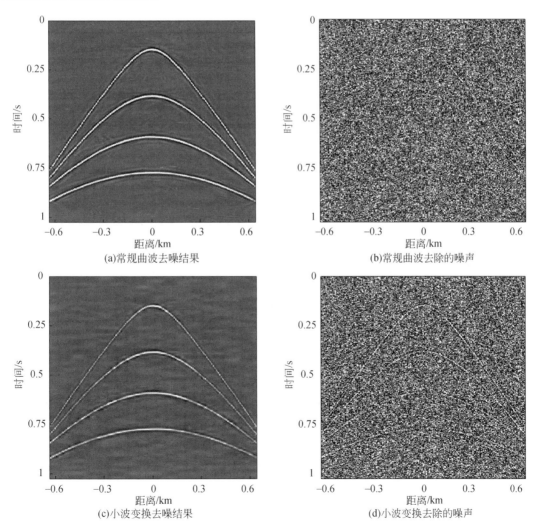

(a)常规曲波去噪结果　　　　　　　　　　(b)常规曲波去除的噪声

(c)小波变换去噪结果　　　　　　　　　　(d)小波变换去除的噪声

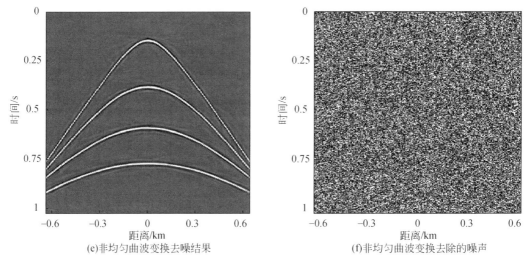

(e)非均匀曲波变换去噪结果　　　　　　　　　(f)非均匀曲波变换去除的噪声

图 7.16　非均匀地震数据噪声压制结果

　　为了详细对比去噪效果，将原始理论数据、无噪声的非均匀地震数据、含噪非均匀数据、常规曲波变换去噪结果、小波变换去噪结果以及本章方法去噪结果分别进行局部放大，如图 7.17 所示，进一步可以看出本章方法去噪后的同相轴与原始地震数据非常接近，去噪后的同相轴光滑连续，从而说明本章方法在去除随机噪声的同时，也可以将非均匀地震数据归位为均匀采样数据，而常规曲波变换方法以及传统小波变换方法则达不到这种去噪效果。并且从其振幅谱图（图 7.18）中也可以看出本章方法去除噪声后的频谱与信号真实频谱比较接近，由于常规曲波变换的应用前提是均匀采样，所以在非均匀采样的地震记录中，不能有效地将非均匀采样点位置进行归位，无法消除由非均匀采样所带来的人工假频干扰，从而也不能彻底去除噪声干扰；小波变换方法由于稀疏度低，不具有表征各向异性特征，反映不了地震波前的局部变换特征，去噪效果远差于曲波变换方法。

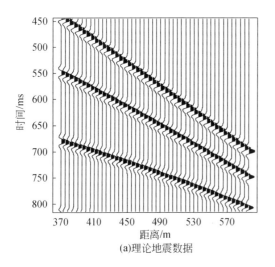

(a)理论地震数据

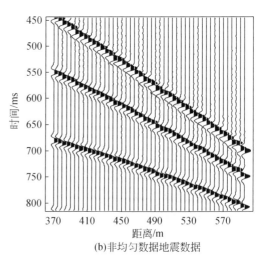

(b)非均匀数据地震数据

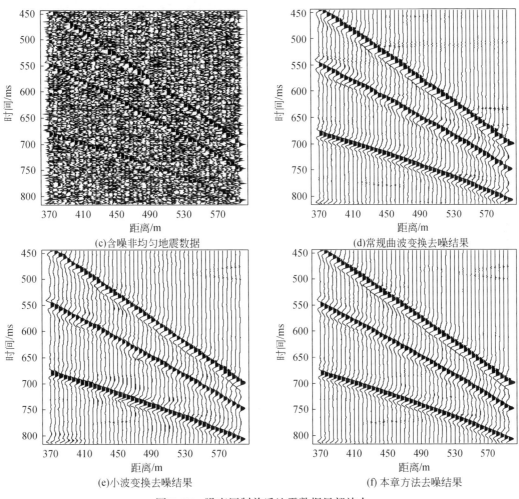

(c)含噪非均匀地震数据　　　　　　　　　(d)常规曲波变换去噪结果

(e)小波变换去噪结果　　　　　　　　　　(f) 本章方法去噪结果

图 7.17　噪声压制前后地震数据局部放大

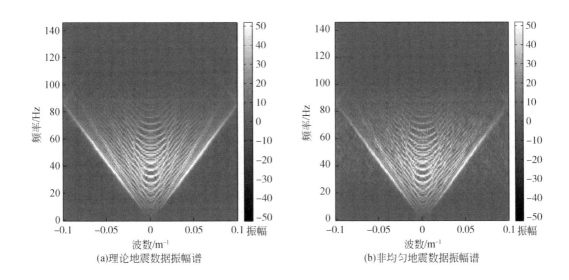

(a)理论地震数据振幅谱　　　　　　　　　(b)非均匀地震数据振幅谱

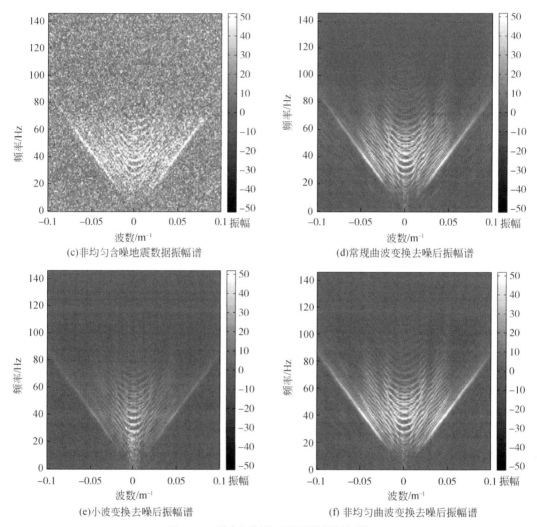

(c)非均匀含噪地震数据振幅谱　　　　　　　(d)常规曲波变换去噪后振幅谱

(e)小波变换去噪后振幅谱　　　　　　　　　(f)非均匀曲波变换去噪后振幅谱

图7.18　噪声压制前后地震数据振幅谱

　　为了对比不同噪声水平下本章方法的去噪效果，对原始理论数据加入标准差分别为0.075和0.1的高斯白噪声，然后采用非均匀傅里叶变换得到相同位置的非均匀地震数据，如图7.19（a）、（b）所示，信噪比分别为-13.97dB和-16.46dB，其局部放大如图7.20（a）、（b）所示，可以看出有效波信号都被噪声掩盖，难以识别，并且有效波同相轴局部扭曲，不连续光滑，尤其是图7.20（b），几乎看不出有效信号，必须及时进行数据规则化和噪声压制，以提高信噪比，满足后续其他处理方法的要求。为此，采用非均匀曲波变换方法进行地震数据规则化和噪声压制，图7.19（c）、（d）分别为本章方法去噪结果，去噪后的信噪比分别为6.84dB和4.16dB，可以看出该方法能够有效地去除非均匀噪声数据中的随机噪声，并且将其归位到均匀采样网格，极大地提高了原始含噪数据的信噪比。然而从局部放大图［图7.20（c）、（d）］来看，尽管去噪后的反射波同相轴更加清晰、连续，但同时也去除了部分有效波，并且随着噪声能量大幅度增强，对有效波振幅损伤也增加。综合来讲，本章方法还是具有较强的去噪能力，能够在信噪比较低的非均匀地震数据中恢复出有效波信号，使去噪后的反射波同相轴变得更加连续、清晰。

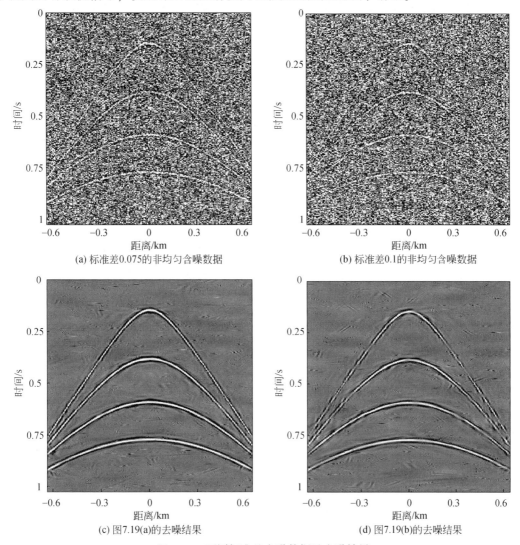

(a) 标准差0.075的非均匀含噪数据　　　　　(b) 标准差0.1的非均匀含噪数据

(c) 图7.19(a)的去噪结果　　　　　(d) 图7.19(b)的去噪结果

图 7.19　不同标准差含噪数据及去噪结果

　　同时为了测试本章方法在缺失地震道情况下重建与噪声压制的效果，拟对图 7.15（c）进行 50%随机欠采样，欠采样结果如图 7.21a 所示，此时信噪比为-7.82dB，然后采用本章方法进行数据重建与噪声压制，同样采用局部阈值方法，处理结果如图 7.21（b）所示，信噪比为 7.78dB，从中可以看出缺失地震道信息得到了有效的恢复，并且随机噪声也得到了压制。为了更好地对比局部信息，特意将处理前后地震数据局部放大，如图 7.21（c）、（d）所示。可以看出有效波比较连续、清晰，并且将非均匀地震数据归位为均匀地震数据，大幅度地提高了信噪比。然而由于缺失数据较多，在重建与噪声压制过程中，还是对有效波信息有所损失。因此需要发展高维非均匀数据重建与噪声压制方法，以便进一步提高信噪比。

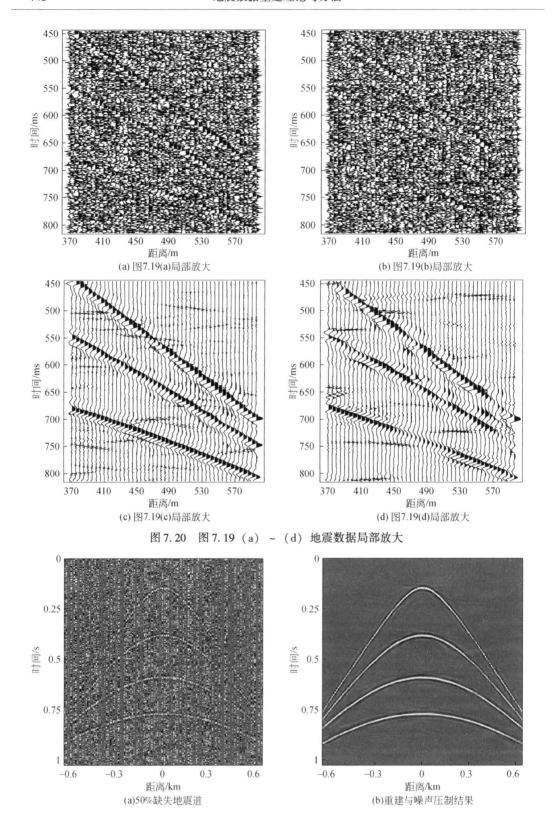

(a) 图7.19(a)局部放大

(b) 图7.19(b)局部放大

(c) 图7.19(c)局部放大

(d) 图7.19(d)局部放大

图7. 20　图7. 19（a）~（d）地震数据局部放大

(a)50%缺失地震道

(b)重建与噪声压制结果

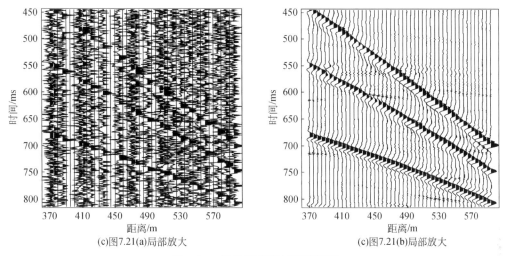

(c)图7.21(a)局部放大　　　　　　　　　(c)图7.21(b)局部放大

图 7. 21　缺失道重建与噪声压制

7.2.2　应用实例分析

　　为了进一步检验非均匀曲波变换重建及去噪方法的应用效果，将其应用于野外非均匀地震数据去噪处理中。图 7. 22（a）为海上某测线单炮地震数据，数据采集时名义上的道距为 12. 5m，然而海上拖缆的羽状漂移导致采集道距不均匀，道距范围为 6 ~ 20m，图 7. 22（b）为其局部放大，从中可以看出随机噪声较为发育，并且非均匀采样扭曲了部分有效波同相轴，必须及时有效地进行处理，以提高原始地震资料的信噪比，满足后续其他处理方法的需要。首先采用非均匀曲波变换对其进行规则化处理，然后采用小波变换方法

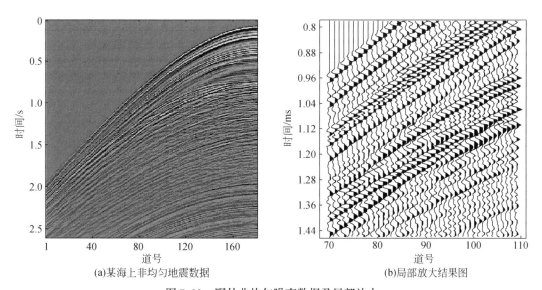

(a)某海上非均匀地震数据　　　　　　　(b)局部放大结果图

图 7. 22　野外非均匀噪声数据及局部放大

进行去噪，选择 bior2.4 小波基，去噪结果如图 7.23（a）所示，图 7.23（c）为其局部放大，可以看出尽管小波变换方法能够去除噪声，但也损伤了部分有效波。为此再采用本章方法进行去噪。分解的尺度为 5，在第二个最粗尺度上的角度数为 8，分别对各尺度采用局部阈值处理，提取出有效波曲波系数，再进行常规曲波反变换，从而达到去噪目的，图 7.23（b）为本章方法去噪结果，图 7.23（d）为其局部放大，从中可以看出绝大部分噪声能量得到了有效的压制，去噪后的反射波同相轴较为连续，几乎没有损失有效波信息。为了进一步显示本章方法去噪效果，对去噪前后的地震数据进行频谱分析。图 7.24（a）～（c）分别为原始单炮数据、小波变换去噪结果和本章方法去噪结果所对应的振幅谱分析图，从中也可以看出小波变换方法去噪不彻底，而本章非均匀曲波变换方法去除的噪声相对彻底，对有效波的损伤也较少，并且将非均匀地震数据归位为均匀地震数据，大幅度地提高了信噪比，满足了后续其他处理方法的要求。

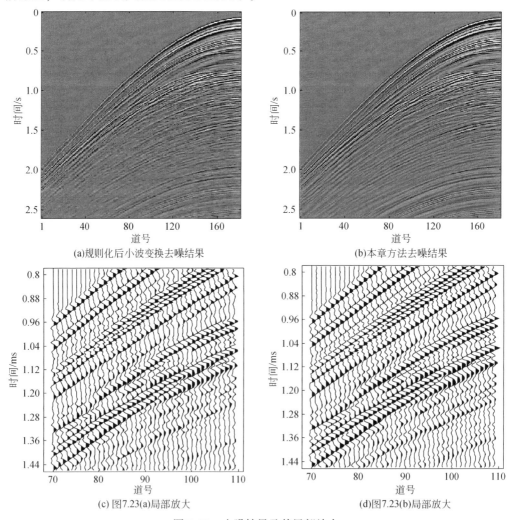

(a)规则化后小波变换去噪结果

(b)本章方法去噪结果

(c) 图7.23(a)局部放大

(d)图7.23(b)局部放大

图 7.23　去噪结果及其局部放大

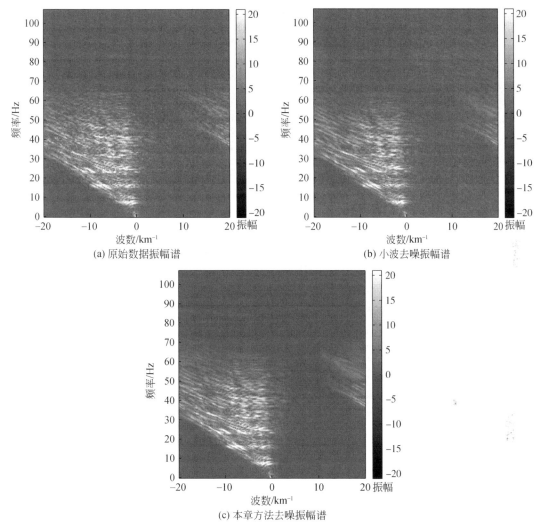

(a) 原始数据振幅谱　　　　　　　　　　　　(b) 小波去噪振幅谱

(c) 本章方法去噪振幅谱

图 7.24　非均匀数据去噪前后振幅谱分析

7.2.3　三维非均匀地震数值模拟去噪

　　理论上讲，三维非均匀地震数据的噪声压制应该采用三维非均匀曲波变换（张之涵等，2014），但三维非均匀曲波变换需要很大的存储空间，并且运算速度较慢，满足不了海量地震数据的要求，所以设计并实现了适合三维非均匀地震数据去噪处理的二维非均匀曲波变换算法及处理步骤，如图 7.25 所示，其去噪过程主要有三步：

　　（1）非均匀地震信号的规则化。首先逐次抽取三维非均匀含噪地震数据的时间切片，然后选择合适的非均匀曲波变换尺度，将含噪时间切片进行二维非均匀曲波变换规则化处理，得到各尺度含噪均匀曲波系数，这些系数中少量的较大曲波系数能够代表信号本身，而大部分较小值的曲波系数则表示高频噪声干扰。

（2）对分解后的各尺度曲波系数进行分尺度阈值处理。由于地震数据结构相对复杂，噪声分布与相应的分解尺度有关，阈值因子的选取直接影响到噪声压制效果，而全局阈值因子会导致一些细节特征丢失，从而使边缘不光滑，损失部分有效信息。因此需要选择与尺度有关的局部阈值因子，以反映含噪曲波系数在不同尺度上的不同特征，更好地进行去噪工作。

（3）标准二维曲波反变换。根据经过阈值处理后的各尺度有效波曲波系数分量，进行地震信号的曲波反变换，对反变换后的时间切片进行组合，从而得到了本章非均匀曲波变换去噪后的三维地震数据。

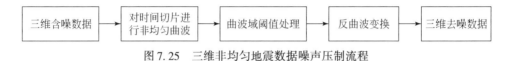

图 7.25　三维非均匀地震数据噪声压制流程

首先对理论含噪三维地震记录进行处理［图 7.7（a）］，该噪声为标准差为 0.1 的高斯白噪声，相应的信噪比为 2.58dB，可以看出只有较强的反射波才能识别，其他信号较弱的区域完全被噪声覆盖，理论数据和加噪数据第 128 炮的振幅谱分别如图 7.26（a）、（b）所示，从中可以看到在 f-k 域的振幅谱上有效信号频率与噪声频率具有较多的重叠。图 7.26（c）、（d）为含噪前后理论数据的局部显示，也可以看出随机噪声分布在整个地震剖面，与有效波信号混合在一起。

同样为了得到非均匀含噪地震数据，对含噪理论地震数据采取二维非均匀傅里叶变换得到和第 6 章相同位置的非均匀含噪数据，如图 7.27（a）所示，相应的信噪比为 1.46dB，并且某一单炮振幅如图 7.28（a）所示。可以清楚地看到非均匀地震道会产生频谱泄露，使有效波同相轴扭曲错断，图 7.27（c）是非均匀含噪地震数据的局部显示，显然，当把非均匀采样的地震数据显示在均匀网格上，连续的地震波场会被破坏。图 7.27（e）为非均匀含噪地震数据与理论的含噪数据误差，从中也可以看出非均匀地震数据同相轴不连续，误差较大，需要采取有效非均匀地震数据去噪方法。为此，采取基于非均匀曲波变换的噪

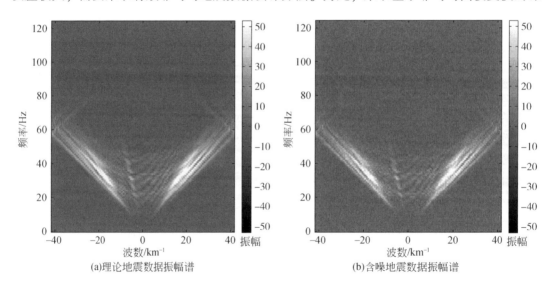

(a)理论地震数据振幅谱　　　　　　　　　　(b)含噪地震数据振幅谱

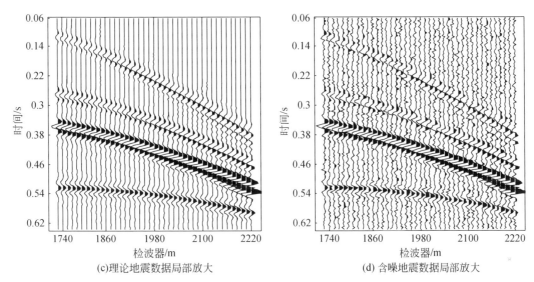

(c)理论地震数据局部放大　　　　　　　　　　(d) 含噪地震数据局部放大

图 7.26　理论地震数据振幅谱及局部放大

声压制方法，为了得到较好的去噪效果，采用 6 尺度分解，在第二个粗尺度上的角度数为 16。首先对非均匀含噪地震数据进行规则化，结果如图 7.27（b）、（d）所示，可以看出规则化后的地震波场比较连续、清晰。为了进一步比较，将其规则化误差在图 7.27（f）显示，并且在图 7.28（b）显示相应的振幅谱，无论是从时空域还是频率波数域都可以看出规则化后的地震数据与理论含噪数据几乎不存在误差，换句话说，在规则化过程中不存在有效波能量的损失，表明非均匀曲波正反变换具有传统曲波变换的高精度优势，能够反映出地震波场的局部变换特征。

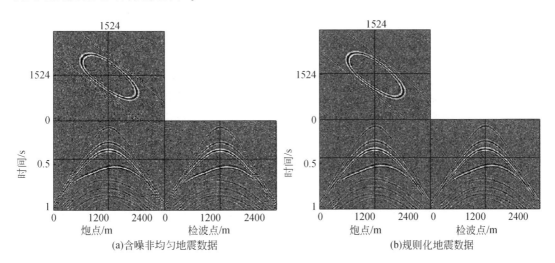

(a)含噪非均匀地震数据　　　　　　　　　　(b)规则化地震数据

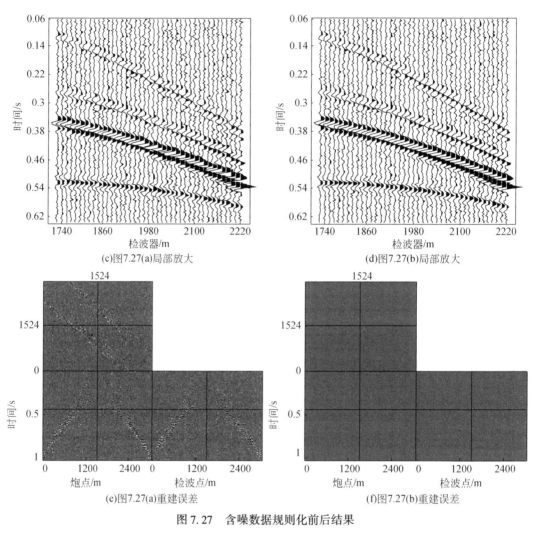

(c)图7.27(a)局部放大　　　　　　　　　　(d)图7.27(b)局部放大

(e)图7.27(a)重建误差　　　　　　　　　　(f)图7.27(b)重建误差

图 7.27　含噪数据规则化前后结果

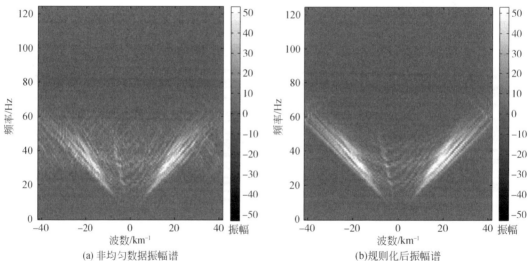

(a) 非均匀数据振幅谱　　　　　　　　　　(b)规则化后振幅谱

图 7.28　规则化前后振幅谱

　　然后采用非均匀曲波变换进行去噪，由于含噪地震数据结构复杂，阈值因子的选取应该与分解的尺度有关系，单一的全局阈值因子去噪结果会导致一些细节特征没有得到较好的保持，损失了部分有效波系数，图 7.29 为某时间切片尺度 1 ~ 尺度 6 曲波系数，这些系数包含了有效信号和噪声干扰，从中可以看出每一尺度的曲波系数能量都不一样，因此应该采用与尺度有关的局部阈值因子，以反映地震数据在不同尺度上的不同特征，否则全局阈值将会去除有效波信号，或者不能彻底地去除噪声干扰。通过对比每一尺度曲波系数振幅能量，并且经过测试，最终选择的阈值分别为保留本尺度 1%、3%、7%、8%、5% 和 2% 的最大曲波系数所对应的值，然后将保留下来的曲波系数进行曲波反变换，从而得到最佳的去噪结果，如图 7.30 （a）、（c）所示，信噪比为 15.80dB，可以看出处理后的地震波场更加连续。并且从振幅谱［图 7.31 （a）］也可以看出本章提出的方法能够有效地衰减噪声，在噪声剖面中较弱的信号也得到了较好的恢复，并且由非均匀采样引起的人工假频也得到了压制。图 7.30 （e）表示处理结果与原始含噪数据的误差，从中也可以看出

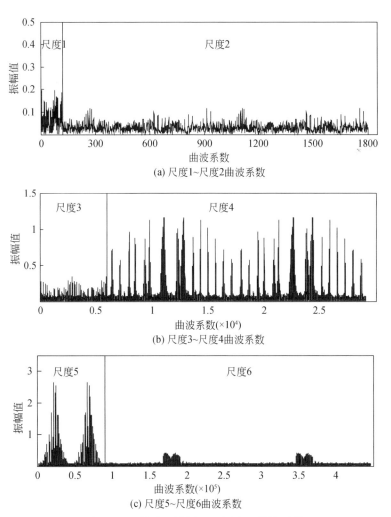

图 7.29　时间切片尺度 1 ~ 尺度 6 曲波系数

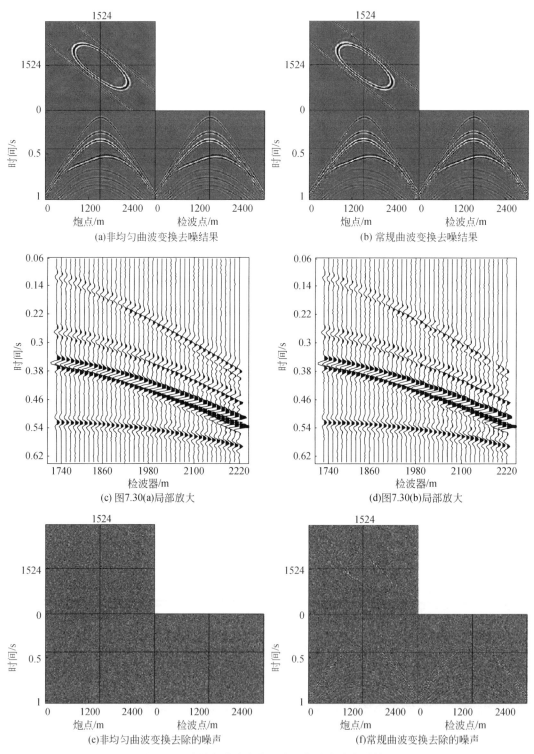

(a)非均匀曲波变换去噪结果

(b) 常规曲波变换去噪结果

(c) 图7.30(a)局部放大

(d)图7.30(b)局部放大

(e)非均匀曲波变换去除的噪声

(f)常规曲波变换去除的噪声

图7.30 非均匀曲波变换和常规曲波变换去噪结果

有效波信号几乎没有被去除，噪声压制彻底。图 7.30（b）、（d）为常规曲波变换去噪结果，相应的信噪比为 9.05dB，显然去噪后的同相轴不连续，并且从振幅谱 ［图 7.31（b）］可以看出人工假频干扰仍然存在，从而降低了去噪后的信噪比。同时，误差剖面 ［图 7.30（f）］表明常规曲波变换在压制非均匀地震数据噪声时，会去除部分有效波信号。综上所述，以上处理结果表明在曲波域识别非均匀采样数据的重要性，如果将它作为均匀采样数据将会严重地破坏噪声压制效果。

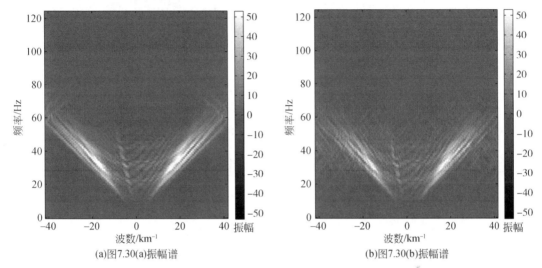

(a)图7.30(a)振幅谱　　　　　　　　　　　(b)图7.30(b)振幅谱

图 7.31　不同方法去噪后的振幅谱

为了进一步验证本章方法在不同噪声下的去噪效果，对原始数据加入不同标准差的高斯白噪声，然后对其采用非均匀傅里叶变换方法得到相同位置的非均匀地震数据，如图 7.32（a）、（b）所示，信噪比分别为 -3.39dB 和 -6.72dB，图 7.33（a）、（b）是其第 128 炮振幅谱，可以看到只有较强的反射波才能识别，部分信号完全被噪声所掩盖。然后采用非均匀曲波去噪方法对其进行处理，选择相同的处理参数。一般来讲，在非均匀地震数据中增加噪声振幅将使常规方法很难恢复弱信号同相轴，并且会造成人工假频干扰。图 7.32（c）、（d）表示本章方法的去噪结果，相应的信噪比分别为 12.01dB 和 8.48dB。可以看到本章方法能够有效地去除噪声，非均匀地震道也归位为均匀地震道，去噪后的同相轴也变得更加连续、清晰，大幅度地提高了信噪比。尽管如此，在局部区域仍然存在较大的能量损失，但是从图 7.32（c）中，可以看到噪声衰减过程只造成相对较小的信号损伤和人工假频干扰。然而随着噪声标准方差增大，去噪过程对有效波同相轴（特别是弱同相轴）造成较大的损伤，从而导致较低信噪比，并且从去噪后的振幅谱 ［图 7.33（c）、（d）］也可以得到类似结论。

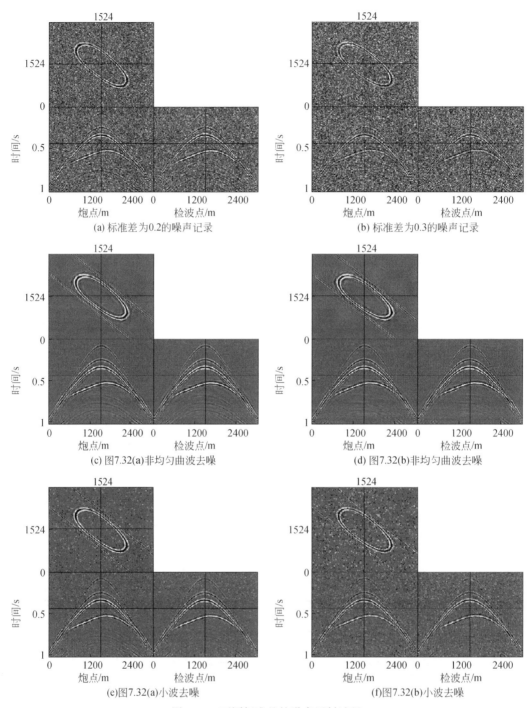

(a) 标准差为0.2的噪声记录　　　　　　　　　(b) 标准差为0.3的噪声记录

(c) 图7.32(a)非均匀曲波去噪　　　　　　　　(d) 图7.32(b)非均匀曲波去噪

(e)图7.32(a)小波去噪　　　　　　　　　　(f)图7.32(b)小波去噪

图 7.32　不同标准差的噪声压制过程

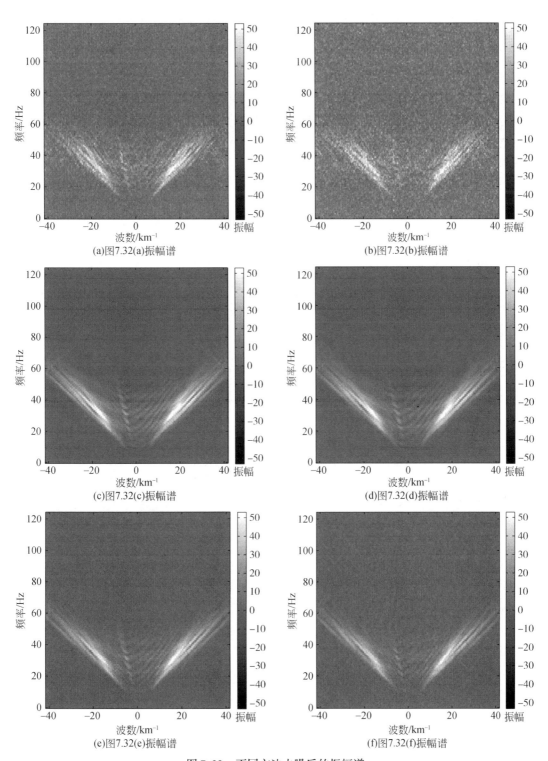

图 7.33　不同方法去噪后的振幅谱

　　同时，为了对比，先采用基于反泄露傅里叶变换方法对非均匀地震数据进行规则化，对其结果再采用二维小波变换方法进行噪声压制，选择 bior2.4 小波基。图 7.32（e）、（f）分别表示小波变换对图 7.32（a）、（b）去噪结果，相应的信噪比为 5.21dB 和 2.79dB。通过比较可知，小波变换方法没有彻底去除随机噪声，并且在去噪过程中也损伤了有效波信号，特别是对部分地震波弱信号。图 7.33（e）、（f）表示小波变换去噪后的振幅谱，从中也可以看到残余了许多随机干扰噪声的同时也去除了部分有效波弱信号。综合来讲，本章方法对非均匀含噪地震数据具有更强的去噪能力，能够应用到较为严重噪声干扰的地震数据处理中。

　　同时对含噪数据进行 50% 随机欠采样，结果如图 7.34（a）所示，信噪比为0.692dB，然后采用非均匀曲波变换方法进行重建和噪声压制，结果如图 7.34（b）所示，信噪比为 11.33dB。为了进一步对比效果，对图 7.34（a）、（b）进行局部放大显示，如图 7.35（a）、（b）所示，图 7.36（a）、（b）显示重建前后第 128 炮振幅谱，从中可以看出去噪前由缺失道和噪声引起的随机干扰较为严重，其能量与有效波能量重叠交汇在一起，从而不能正确识别有效波信息，而去噪后的有效波能量连续、清晰，干扰波得到了不同程度的压制，并且被噪声所掩盖的弱信号同相轴也被恢复了，地震剖面的信噪比也得到了大幅度的提高，从而更加证明了本章方法有效性。

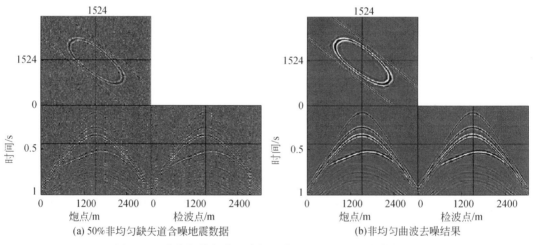

　　　　(a) 50%非均匀缺失道含噪地震数据　　　　　　　　　　(b)非均匀曲波去噪结果

图 7.34　非均匀缺失道重建与去噪过程（50% 地震道缺失）

7.2.4　应用实例分析

　　为了进一步检验本章非均匀去噪方法的效果，将本章方法应用于野外地震记录的去噪处理。由于没有实际的野外非均匀地震数据，采用二维非均匀傅里叶变换方法对原始野外地震数据［图 7.11（a）］非均匀采样网格处理，得到新的三维地震数据体，如图 7.37（a）所示，道距为 25±12.5m，从中可以看出噪声较为发育，扭曲了部分有效波同相轴，必须及时处理，以提高原始地震资料的信噪比。为此，采用非均匀曲波变换进行重建和噪声压制，分

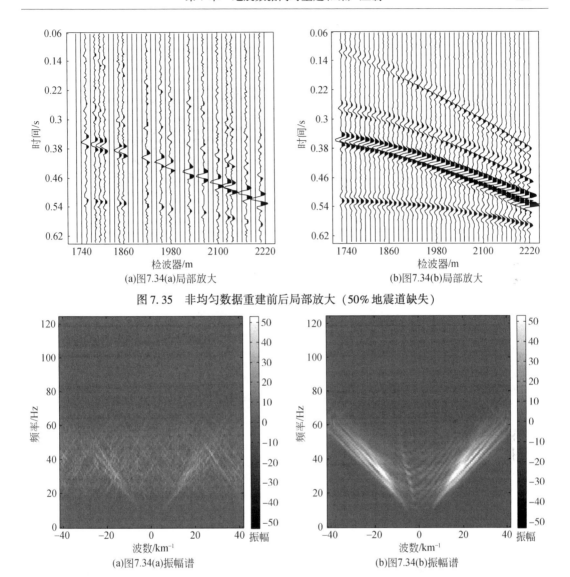

图 7.35　非均匀数据重建前后局部放大（50% 地震道缺失）

图 7.36　非均匀数据重建前后振幅谱及局部放大

解的尺度为 5，第二个最粗尺度上的角度数为 8。首先采用非均匀曲波对非均匀地震数据进行规则化，再分别对规则化后各尺度均匀曲波系数采用不同的局部阈值因子进行去噪，提取出有效波曲波系数，最后进行常规曲波反变换，从而达到去噪目的，图 7.37（b）为本章方法规则化后去噪结果图，从中可以看出绝大部分噪声能量得到了有效的压制，去噪后的地震记录局部同相轴较为连续，几乎没有损失有效波。为了进一步显示其去噪效果，特意将图 7.37（a）、（b）中的第 101 炮进行局部放大，放大结果如图 7.38（a）、（b）所示，图 7.38（c）、（d）为对应单炮的二维振幅谱分析图。与原始数据进行比较，可以看出本章方法去除的噪声相对彻底，对有效波的损伤也较少，并且将非均匀道距进行归位为均匀道距，使同相轴更为光滑、连续，大幅度地提高了信噪比，满足了后续其他处理方法的要求。

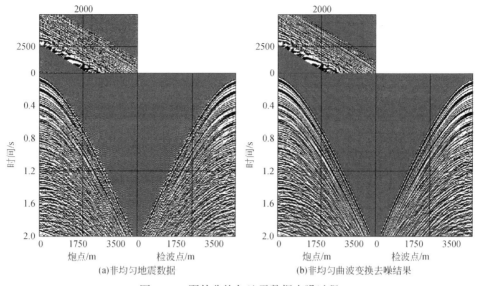

(a)非均匀地震数据   (b)非均匀曲波变换去噪结果

图 7.37　野外非均匀地震数据去噪过程

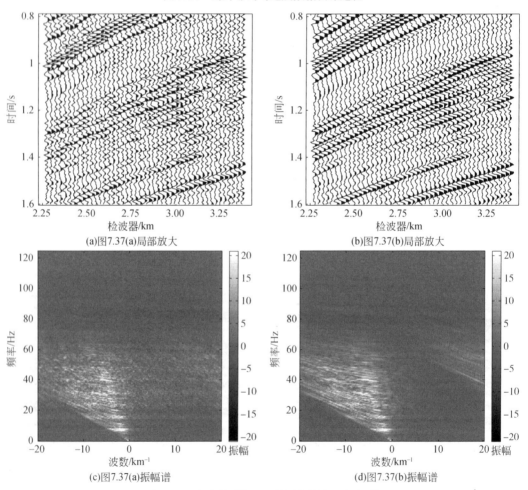

(a)图7.37(a)局部放大   (b)图7.37(b)局部放大

(c)图7.37(a)振幅谱   (d)图7.37(b)振幅谱

图 7.38　去噪前后第 101 炮局部放大及振幅谱

参 考 文 献

白兰淑，刘伊克，卢回忆，等 . 2014. 基于压缩感知的域联合迭代地震数据重建 . 地球物理学报, 57（9）：2937-2945 .

包乾宗，高静怀，陈文超 . 2007. Curvelet 域垂直地震剖面波场分离 . 西安交通大学学报, 41（6）：650-654.

曹静杰，王本锋 . 2015. 基于一种改进凸集投影方法的地震数据同时插值和去噪 . 地球物理学报, 58（8）：2935-2947.

曹静杰，王彦飞，杨长春 . 2012. 地震数据压缩重构的正则化与零范数稀疏最优化方法 . 地球物理学报, 55（2）：596-606.

冯飞，王征，刘成明，等 . 2016. 基于 Shearlet 变换稀疏约束地震数据重建 . 石油物探, 40（5）：102-107.

高建军，陈小宏，李景叶 . 2009. 基于非均匀 Fourier 变换的地震数据重建方法研究 . 地球物理学进展, 24（5）：1742-1746.

高建军，陈小宏，李景叶 . 2011. 三维不规则地震数据重建方法 . 石油地球物理勘探, 46（1）：40-47.

国九英，周兴元，俞寿朋 . 1996. F–x 域等道距道内插 . 石油地球物理勘探, 32（1）：28-34 .

何旭莉，刘素芹，仝兆岐 . 2010. 三维频率–波数域视速度去噪方法 . 中国石油大学学报, 34（4）：62-66 .

黄小刚，王一博，刘伊克，等 . 2014. 半径–斜率域加权反假频地震数据重建 . 地球物理学报, 57（7）：2278-2290.

霍志周，熊登，张剑锋 . 2013. 地震数据重建方法综述 . 地球物理学进展, 28（4）：1749-1756.

李冰，刘洪，李幼铭 . 2002. 三维地震数据离散光滑插值的共轭梯度法 . 地球物理学报, 45（5）：691-699.

李庆阳，关治，白峰彬 . 2000. 数值计算原理 . 北京：清华大学出版社 .

李信富，李小凡 . 2008. 分形插值地震数据重建方法研究 . 地球物理学报, 51（4）：1196-1201.

梁东辉 . 2015. 基于傅里叶变换的地震数据规则化和插值 . 浙江大学硕士学位论文 .

刘财，李鹏，刘洋等 . 2013. 基于 seislet 变换的反假频迭代数据插值方法 . 地球物理学报, 56（5）：1619-1627 .

刘国昌，陈小宏，郭志峰，等 . 2011. 基于 curvelet 变换的缺失地震数据插值方法 . 石油地球物理勘探, 46（2）：237-245 .

刘强，韩立国，李洪建 . 2014. 混采数据分离中插值与去噪的同步处理 . 地球物理学报, 57（5）：1647-1654.

刘喜武，刘洪，刘彬 . 2004. 反假频非均匀地震数据重建方法研究 . 地球物理学报, 47（2）：299-305 .

卢雁，吴盛教，赵文强 . 2012. 压缩感知理论综述 . 计算机与数字工程, 40（8）：12-14.

陆艳洪，陆文凯，翟正军 . 2012. 一种边缘保持的地震数据插值方法 . 地球物理学报, 55（3）：991-997.

马继涛，王建花，刘国昌 . 2016. 基于频率域奇异值分解的地震数据插值去噪方法研究 . 石油物探, 55（2）：205-213.

马坚伟 . 2009. 曲波变换和压缩采样在地震勘探中的成就和前景 . 中国地球物理学会年会论文：356.

孟小红，郭良辉，张致付，等 . 2008. 基于非均匀快速傅里叶变换的最小二乘反演地震数据重建 . 地球物理学报, 51（1）：235-241 .

彭才，常智，朱仕军 . 2008. 基于曲波变换的地震数据去噪方法 . 石油物探, 47（5）：461-464.

石颖，张振，王建民，等 . 2013. 地震数据反假频规则化方法研究 . 地球物理学进展, 28（1）：250-256.

宋维琪，刘太伟. 2015. 地面微地震资料 τ-p 变换噪声压制. 石油地球物理勘探，50（1）：48-53.

宋维琪，吴彩端. 2017. 利用压缩感知方法提高地震资料分辨率. 石油地球物理勘探，52（2）：214-219.

唐刚. 2010. 基于压缩感知和稀疏表示的地震数据重建与去噪. 清华大学博士学位论文.

唐刚，杨慧珠. 2010. 基于泊松碟采样的地震数据压缩重建. 地球物理学报，3（9）：2181-2188.

唐欢欢，毛伟建. 2014. 3D 高阶抛物 Radon 变换地震数据保幅重建. 地球物理学报，57（9）：2918-2927.

仝中飞. 2010. Curvelet 阈值迭代法在地震数据去噪和插值中的应用研究. 吉林大学硕士学位论文.

王本锋，陈小宏，李景叶，等. 2015a. POCS 联合改进的 Jitter 采样理论曲波域地震数据重建. 石油地球物理勘探，50（1）：20-28.

王本锋，李景叶，陈小宏，等. 2015b. 基于 Curvelet 变换与 POCS 方法的三维数字岩心重建. 地球物理学报，58（6）：2069-2078.

王亮亮，毛伟建，唐欢欢，等. 2017. 快速 3D 抛物 Radon 变换地震数据保幅重建. 地球物理学报，60（7）：2801-2812.

王升超，韩立国，巩向博. 2016. 基于各向异性 Radon 变换的叠前地震数据重建. 石油物探，55（6）：808-815.

王维红，裴江云，张剑锋. 2007. 加权抛物 Radon 变换叠前地震数据重建. 地球物理学报，50（3）：851-859.

徐明华，李瑞，路交通，等. 2013. 基于压缩感知理论的缺失地震数据重构方法. 吉林大学学报（地球科学版），43（1）：282-289.

张红梅，刘洪. 2006. 基于稀疏离散 τ-p 变换的叠后地震道内插. 石油地球物理勘探，41（3）：281-285.

张华，陈小宏. 2013. 基于 jitter 采样和曲波变换的三维地震数据重建. 地球物理学报，56（5）：1637-1649.

张华，陈小宏，杨海燕. 2011. 地震信号去噪的最优小波基选取方法. 石油地球物理勘探，46（1）：70-75.

张华，陈小宏，林敏捷. 2012. 基于压缩采样理论的五维地震数据重建. 中国地球物理学会年会论文：449.

张华，陈小宏，张落毅. 2017a. 基于曲波变换的三维地震数据同时重建和噪声压制. 应用地球物理（英文版），14（1）：87-95.

张华，陈小宏，李红星，等. 2017b. 曲波变换三维地震数据去噪技术. 石油地球物理勘探，52（2）：226-232.

张良，韩立国，许德鑫，等. 2017. 基于压缩感知技术的 Shearlet 变换重建地震数据. 石油地球物理勘探，52（2）：220-225.

张淑婷，张华，张落毅，等. 2015. 基于局部阈值曲波变换的叠前去噪技术研究. 中国煤炭地质，（11）：52-56.

张素芳，徐义贤，雷栋. 2006. 基于 Curvelet 变换的多次波去除技术. 石油地球物理勘探，41（3）：262-265.

张之涵，孙成禹，姚永强，等. 2014. 三维曲波变换在地震资料去噪处理中的应用研究. 石油物探，53（4）：421-430.

周亚同，滕琳琳，李玲玲. 2015. 基于高阶扩展快速行进法的缺失地震数据重建. 石油地球物理勘探，50（5）：873-880.

Abma R，Kabir N. 2006. 3D interpolation of irregular data with a POCS algorithm. Geophysics，71（5）：91-97.

̄rman L. 1965. The method of successive projection for finding a common point of convex sets. Soviet Math，

· 688-692.

Cai J F, Osher S, Shen Z. 2009. Linearized Bregman iterations for compressed sensing. Mathematics of Computation, 78 (267): 1515-1536.

Cai J F, Ji H, Shen Z, et al. 2014. Data-driven tight frame construction and image denoising. Applied & Computational Harmonic Analysis, 37 (1): 89-105.

Candès E J. 2006. Proceedings of the International Congress of Mathematicians. Madrid: Elsevier.

Candès E, Romberg J. 2006. Quantitative robust uncentainty principles and optimally sparse decompositions. Foundations of Comput Math, 6 (2): 227-254.

Candès E, Demanet L, Donoho D, et al. 2006a. Fast discrete curvelet transforms. SIAM Multiscale Modeling and Simulation, 5: 861-899.

Canning A, Gardner G. 1996. Regularizing 3-D data sets with DMO. Geophysics, 61 (6): 1108-1114.

Canning A, Gardner G. 1998, Reducing 3-D acquisition footprint for 3-D DMO and 3-D prestack migration: Geophysics, 63 (4), 1177-1183.

Chen K, Sacchi M D. 2015. Robust reduced-rank filtering for erratic seismic noise attenuation. Geophysics, 80 (1): 1-11.

Chen Y, Dong Z, Jin Z, et al. 2016a. Simultaneous denoising and reconstruction of 5-D seismic data via damped rank-reduction method. Geophysical Journal International, 206 (3): 1695-1717.

Chen Y, Ma J, Fomel S. 2016b. Double-sparsity dictionary for seismic noise attenuation. Geophysics, 81: 17-30.

Chiu S K. 2014. Multidimensional interpolation using a model-constrained minimum weighted norm interpolation. Geophysics, 79 (5): 191-199.

Choi J, Byun J, Seol S J, et al. 2016. Wavelet-based multicomponent matching pursuit trace interpolation. Geophysical Journal International, 206 (3): 1831-1846.

Claerbout J F, Nichols D. 1991. Interpolation beyond aliasing by (tau, x) -domain PEFs. 53th Annual Conference and Exhibition of EAGE. Tucson: Elsevier.

Curry W. 2010. Interpolation with Fourier-radial adaptive thresholding. Geophysics, 75 (6): 95-102.

Daubechies I, Defrise M, Mol C D. 2004. An iterative thresholding algorithm for linear inverse problems with a sparsity constrains. Communications on Pure and Applied Mathematics, 57 (11): 1413-1457.

Do M N, Vetterli M. 2005. The contourlet transform: An efficient directional multiresolution image representation. IEEE Transactions on Image ProcessingA Publication of the IEEE Signal Processing Society, 14 (12): 2091-2106.

Donoho D L. 2004. Compressive Sensing: Technical Report. California: Department of Statistics Stanford University.

Donoho D L. 2006. Compressed Sensing. IEEE Transactions on information Theory, 52 (4): 1289-1306.

Duijndam A J W, Schonewille M A, Hindriks C O H. 1999. Reconstruction of band-limited signals, irregularly sampled along one spatial direction. Geophysics, 64 (5): 524-538.

Ely G T, Aeron S, Hao N, et al. 2015. 5D seismic data completion and denoising using a novel class of tensor decompositions. Geophysics, 80 (4): V83-V95.

Ewout V D B, Friedlander M P. 2008. Probing the Pareto Frontier for Basis Pursuit Solutions. Siam Journal on Scientific Computing, 31 (2): 890-912.

Fomel S. 2003. Seismic reflection data interpolation with differential offset and shot continuation. Geophysics, 68 (2): 733-744.

Fomel S, Liu Y. 2010. Seislet transform and seislet frame. Geophysics, 75 (3): 25-38.

Gao J J, Chen X H, Li J Y, et al. 2010. Irregular seismic data reconstruction based on exponential threshold model of POCS method. Applied Geophysics, 7 (3): 229-238.

Gao J J，Sacchi M D，Chen X H. 2013. A fast reduced-rank interpolation method for prestack seismic volumes that depend on four spatial dimensions. Geophysics，78（1）：21-30.

Gao J J，Stanton A，Sacchi M D. 2015. Parallel matrix factorization algorithm and its application to 5D seismic reconstruction and denoising. Geophysics，80（6）：173-187.

Górszczyk A，Malinowski M，Bellefleur G. 2015. Enhancing 3D post-stack seismic data acquired in hardrock environment using 2D curvelet transform. Geophysical Prospecting，63（4）：903-918.

Gulunay N. 2003. Seismic trace interpolation in the Fourier transform domain. Geophysics，68（1）：355-369.

Hennenfent G，Herrmann F J. 2006. Seismic denoising with non-uniformly sampled curvelets. Computing in Science & Engineering，8（3）：16-25.

Hennenfent G，Herrmann F J. 2008. Simply denoise：Wavefield reconstruction via jittered undersampling. Geophysics，73（3）：19-28.

Hennenfent G，Fenelon L，Herrmann F J. 2010. Non-equispaced curvelet transform for seismic data reconstruction：A sparsity-promoting approach. Geophysics，23（4）：203-210.

Herrmann F J. 2010. Randomized sampling and sparsity：Getting more information from fewer samples. Geophysics，75：WB173-WB187.

Herrmann F J，Hennenfent G. 2008. Non-parametric seismic data recovery with curvelet frames. Geophysical Journal International，173（1）：233-248.

Herrmann F J，Böniger U，Verschuur D J. 2007. Non-linear primarymultiple separation with directional curvelet frames. Geophysical Journal International，170（2）：781-799.

Herrmann F J，Tu N，Esser E. 2015. Fast "online" migration with Compressive Sensing. EAGE Annual Conference Proceedings.

Hindriks C O H，Duijndam A J W. 2000. Reconstruction of 3D seismic signals irregularly sampled along two spatial coordinates. Geophysics，65（5）：253-263.

Huang W L，Wang R Q，Yuan Y M，et al. 2017. Signal extraction using randomized-order multichannel singular spectrum analysis. Geophysics，82（2）：69-84.

Ibrahim A，Sacchi M D. 2014. Simultaneous source separation using a robust Radon transform. Geophysics，79（1）：V1-V11.

Jager C，Hertweck P，Hubral P. 2002. The unified approach and its applications：wave-equation based trace interpolation. 72th Annual International Meetting，SEG Expanded Abstracts：2178-2181.

Jia Y，Ma J. 2017. What can machine learning do for seismic data processing? An interpolation application. Geophysics，82（3）：163-177.

Jin S. 2010. 5D seismic data regularization by a damped least-norm Fourier inversion. Geophysics，75（6）：103-111.

Julián L G，Danilo R V. 2016. A simple method inspired by empirical mode decomposition for denoising seismic data. Geophysics，81（6）：403-413.

Kaplan S T，Naghizadeh M，Sacchi M D. 2010. Data reconstruction with shot-profile least-squares migration. Geophysics，75（6）：121-136.

Keiner J，Kunis S，Potts D. 2009. Using NFFT 3.0：A software library for various nonequispaced fast Fourier transforms. ACM Transactions on Mathematical Software，36（4）：1-23.

Kim B，Jeong S，Byun J. 2015. Trace interpolation for irregularly sampled seismic data using curvelet-transform-based projection onto convex sets algorithm in the frequency-wavenumber domain. Journal of Applied Geophysics，（2）：1-14.

Kreimer N, Sacchi M D. 2012. A tensor higher-order singular value decomposition for prestack seismic data noise reduction and interpolation. Geophysics, 77 (3): 113-122.

Kreimer N, Sacchi M D. 2013. Tensor completion based on nuclear norm minimization for 5D seismic data reconstruction. Geophysics, 78 (6): 273-284.

Kunis S. 2006. Nonequispaced FFT: Generalisation and inversion. Lübeck University Doctoral Dissertation.

Labate D, Lim W, Kutyniok G, et al. 2005. Sparse multidimensional representation using shearlets. Proceedings of the SPIE, 591 (4): 254-262.

Larner K, Rothman D. 1981. Trace interpolation and the design of seismic surveys. Geophysics, 46: 407-415.

Leneman O. 1966. Random sampling of random processes: Impulse response. Information and Control, 9 (2): 347-363.

Liang J W, Ma J W, Zhang X Q. 2014. Seismic data restoration via data-driven tight frame. Geophysics, 79 (3): V65-V74.

Liu B. 2004. Multi-dimensional reconstruction of seismic data. University of Alberta Ph. D. thesis.

Liu B, Sacchi M D. 2004. Minimum weighted norm interpolation of seismic records. Geophysics, 69 (6): 1560-1568.

Liu W, Cao S, Li G, et al. 2015a. Reconstruction of seismic datawithmissing traces based on local random sampling and curvelet transform. Journal of Applied Geophysics, 115 (6): 129-139.

Liu Y, Fomel S, Liu C. 2015b. Signal and noise separation in prestack seismic data using velocity-dependent seislet transform. Geophysics, 80 (6): 117-128.

Liu Y, Fomel S. 2010. OC-seislet: Seislet transform construction with differential offset continuation. Geophysics, 75 (6): 235-245.

Lorenz D A, Schöpfer F, Wenger S. 2013. The linearized Bregman method via split feasibility problems: analysis and generalizations. Siam Journal on Imaging Sciences, 7 (7): 1237-1262.

Lorenz D A, Wenger S, Schöpfer F, et al. 2014. A sparse Kaczmarz solver and a linearized Bregman method for online compressed sensing. Eprint Arxiv: 1347-1351.

Lustig M, Donoho D L, Santos J, et al. 2008. Compressed sensing MRI. IEEE Signal Processing Magazine, 25 (2): 72-82.

Ma J. 2013. Three-dimensional irregular seismic data reconstruction via low-rank matrix completion. Geophysics, 78 (5): 181-192.

Ma J, Plonka G. 2010. A review of curvelets and recent applications. IEEE Signal Processing Magazin, 27 (2): 118-133.

Mansour H, Herrmann F J, Yılmaz Ö. 2013. Improved wavefield reconstruction from randomized sampling via weighted one-norm minimization. Geophysics, 78 (5): 193-206.

Naghizadeh M, Sacchi M D. 2007. Multistep autoregressive reconstruction of seismic records. Geophysics, 72 (6): 111-118.

Naghizadeh M, Sacchi M D. 2009. F-x adaptive seismic trace interpolation. Geophysics, 74 (1): 1-9.

Naghizadeh M, Sacchi M D. 2010a. On sampling functions and Fourier reconstruction methods. Geophysics, 75 (6): 137-151.

Naghizadeh M, Sacchi M D. 2010b. Beyond alias hierarchical scale curvelet interpolation of regularly and irregularly sampled seismic data. Geophysics, 75 (6): 189-202.

Naghizadeh M, Innanen K. 2011. Seismic data interpolation using a fast generalized Fourier transform. Geophysics, 76 (1): 1-10.

Neelamani R, Baumstein A I, Gillard D G, et al. 2008. Coherent and random noise attenuation using the curvelet transform. The Leading Edge, 27 (2): 240-248.

Neelamani R, Baumstein A I, Ross W S. 2010. Adaptive subtraction using complex-valued curvelet transforms. Geophysics, 75 (4): 51-60.

Oropeza V, Sacchi M. 2011. Simultaneous seismic data denoising and reconstruction via multichannel singular spectrum analysis. Geophysics, 76 (3): 25-32.

Porsani M J. 1999. Seismic trace interpolation using half-step prediction filters. Geophysics, 64 (5): 1461-1467.

Ronen J. 1987. Wave equation trace interpolation. Geophysics, 52 (7): 973-984.

Sacchi M D. 2009. FX singular spectrum analysis. CSPG CSEG CWLS Convention: 392-295.

Sacchi M D, Liu B. 2005. Minimum weighted norm wavefield reconstruction for AVA imaging. Geophysical Prospecting, 53 (2): 787-801.

Sacchi M D, Ulrych T J, Walker C. 1998. Interpolation and extrapolation using a high-resolution discrete Fourier transform. IEEE Transaction on Signal Processin, 46 (1): 31-38.

Shahidi R, Tang G, Ma J, et al. 2011. Application of randomized sampling schemes to curvelet-based sparsity-promoting seismic data recovery. Geophysical Prospecting, 61 (5): 973-997.

Spitz S. 1991. Seismic trace interpolation in the F-X domain. Geophysics, 67 (4): 794-890.

Trad D. 2009. Five-dimensional interpolation: Recovering from acquisition constraints. Geophysics, 74 (6): 123-132.

Trad D, Ulryeh T, Sacchi M. 2003. Latest view of sparse radon transform. Geophysics, 68 (1): 386-399.

Trickett S. 2003. F-xy eigenimage noise suppression. Geophysics, 68: 751-759.

Trickett S, Burroughs L, Milton A, et al. 2010, Rank reduction-based trace interpolation. 80th Annual International Meeting, SEG, Expanded Abstracts: 3829-3833.

Wang B, Wu R, Chen X, Li J. 2015. Simultaneous seismic data interpolation and denoising with a new adaptive method based on dreamlet transform. Geophysical Journal International, 201 (2): 1180-1192.

Wang J F, Ng M, Perz M. 2010. Seismic data interpolation by greedy local Radon transform. Geophysics, 75 (6): 225-234.

Wang Y H. 2002. Seismic trace interpolation in the f-x-y domain. Geophysics, 67 (4): 1232- 1239.

Whiteside W, Guo M, Sun J, et al. 2014. 5D data regularization using enhanced antileakage Fourier transform. SEG Technical Program Expanded Abstracts: 3616-3620.

Xu S, Zhang Y, Pham D, et al. 2005. Antileakage Fourier transform for seismic data regularization. Geophysics, 70 (4): 87-95.

Xu S, Zhang Y, Pham D, Lambaré G. 2010. Antileakage Fourier transform for seismic data regularization in higher dimensions. Geophysics, 75: 113-120.

Xue Y, Ma J, Chen X. 2013. High-order sparse Radon transform for AVO-preserving data reconstruction. Geophysics, 79: 13-22.

Yang H, Ma S. 2015. A fast Fourier inversion strategy for 5D seismic data regularization. SEG Technical Program Expanded Abstracts: 3910-3914.

Yang P, Gao J, Chen W. 2012. Curvelet-based POCS interpolation of nonuniformly sampled seismic records. Journal of Applied Geophysics, 79 (79): 90-99.

Yin W. 2010. Analysis and generalizations of the linearized Bregman method. SIAM Journal on Imaging Sciences, 3 (4): 856-877.

    Ma J, Osher S. 2016. Monte Carlo data-driven tight frame for seismic data recovery. Geophysics, 81 (4):

327-340.

Zhang H, Chen X H, Wu X M. 2013. Seismic data reconstruction based on CS and Fourier theory. Applied Geophysics, 10 (2): 170-180.

Zhang H, Chen X, Li H. 2015. 3D seismic data reconstruction based on complex-valued curvelet transform in frequency domain. Journal of Applied Geophysics, 113 (1): 64-73.

Zhou Y, Abma R, Etgen J, et al. 2017. Attenuation of noise and simultaneous source interference using wavelet denoising. Geophysics, 82 (3): 179-190.

Zwartjes P M, Sacchi M D. 2007. Fourier reconstruction of nonuniformly sampled, aliased data. Geophysics, 72 (1): 21-32.